Erich Fromm

逃避自由

ESCAPE FROM FREEDOM

［美］艾里希·弗洛姆 著
刘林海 译

上海译文出版社

图书在版编目(CIP)数据
逃避自由/(美)艾里希・弗洛姆(Fromm, E.)著;刘林海译.
—上海:上海译文出版社,2015.7(2022.2 重印)
(弗洛姆作品系列)
书名原文:Escape from Freedom
ISBN 978-7-5327-6918-6

Ⅰ.①逃… Ⅱ.①弗… ②刘… Ⅲ.①性格-心理学分析
Ⅳ.①B848.6
中国版本图书馆 CIP 数据核字(2015)第 018751 号

图字:09-2007-785 号

逃避自由
〔美〕艾里希・弗洛姆 著 刘林海 译
特约策划/何家炜 郃莉莉 责任编辑/李洁 装帧设计/汪佳诗

上海译文出版社有限公司出版、发行
网址:www.yiwen.com.cn
201101 上海市闵行区号景路 159 弄 B 座
宁波市大港印务有限公司印刷

开本 890×1240 1/32 印张 6.5 插页 2 字数 155,000
2015 年 7 月第 1 版 2022 年 2 月第 15 次印刷

ISBN 978-7-5327-6918-6/B・400
定价:38.00 元

目 录

前言

几年来，我一直致力于研究现代人的性格结构及有关心理因素和社会因素相互作用的问题。这是一项很浩大的任务，全部完成，尚假时日。本书便是这项研究的一部分。目前的政治发展及其对现代文化最伟大的成就——个性及人格的独一无二性——的潜在威胁，使我决定中断大范围的研究，集中精力专门研究对现代文化和社会危机最要紧的一个方面，即，自由对现代人的含义。因为只有在分析现代人整个性格结构的基础上，才能全面理解自由的含义，所以，如果我把已完成的研究我们文化中人的性格结构的成果介绍给读者，那我的任务就会容易得多。事实上，我也必须时常提到某些概念和结论，但囿于本书的范围，又无法详细解释。至于其他一些意义重大的问题，则往往只能一笔带过，有时甚至略而不提。但我觉得，心理学家刻不容缓的任务是对认识当前的危机做出自己的理论贡献。

我认为，强调从心理学角度考察当前形势的重要性，这并不意味着过高估计心理学的作用。社会进程的基本单位是个人，个人的欲望与恐惧、激情与理性、选择善恶的倾向。要认识社会进程的动力，就必须认识运作于个人内部的心理进程之动力，正如要认识个人，就必须把他放在塑造他的文化环境里加以考察。本书的主题就是，前个人状态社会（Pre-individualistic Society）既为人提供了安全保护，又限制了人的发展。现代人摆脱了前个人状态社会纽带的束缚，但并未获得积极意义上的实现个人自我的自由，也就是说，他无法自由地表达自己的思想、情感及感官方面的潜力。自由虽然给他带来了独立与理性，但也使他孤立，并感到焦虑和无能为力。他无法忍受这种孤立，他面临着两种选择：或者逃避自由带来的重负，重新建立依赖和臣服关系；或者继续前进，力争全面实现以人的独一无二性及个性为基础的积极自由。虽然本书只是一种诊断而非预言，只是一种分析而非解决方案，但它也能给我们的行动指明方向。因为，要战胜极权主义势力，就必须首先弄清楚极权主义者竭力逃避自由的原因。

本书写作过程中，许多朋友、同事和学生给我很大鼓励，并提出了许多建设性批评，在此恕不一一致谢。读者将在脚注中看到本书吸取了许多作者的观点，在此要特别表示感谢。但是，我还要特别感谢那些为本书的面世做出直接贡献的人。首先要感谢伊丽莎白・布朗小姐就本书的总体结构提出了许多宝贵的建议和批评；其次要感谢 T. 伍德豪斯先生帮助我整理原稿，感谢 A. 塞德曼博士在本书有关哲学问题上提供了帮助。

承蒙下列出版单位的特许，使我得以大量引用它们出版的资料。费城基督教教育委员会编译的 J. 加尔文著、J. 艾伦译《基督教要义》，纽约哥伦比亚大学的历史、经济及公法研究，选自纽约哥伦比亚大学出版社出版的 J.S. 夏皮罗著《社会改革与宗教改革》；密歇根州大急流城 Wm.B. 艾德曼斯出版公司出版的马丁・路德著、H. 科尔译《论意志的不自由》；纽约哈考特 – 布雷斯公司出版的 R.H. 托尼著《宗教与资本主义的兴起》；波士顿霍顿・米夫林公司出版的阿道夫・希特勒著《我的奋斗》；纽约麦克米伦公司出版的 J. 布尔克哈特著的《意大利文艺复兴时期的文化》。

艾里希・弗洛姆

第一章　自由——一个心理学问题？

近现代欧美历史的中心便是人谋求自由，摆脱政治、经济、精神的羁绊。发起争取自由斗争的是那些渴望自由的被压迫者，反对的是那些维护特权的人。欲摆脱统治、谋求自身解放的阶级在斗争时坚信它在为人类的自由而战，因而可以以某种理想，吸引所有受压迫者，唤醒其内心深处隐藏的对自由的渴望。然而，在连绵不断的争取自由的漫长斗争中，曾经反对压迫的阶级在赢得胜利、需要维护新特权时，又成为自由的敌人。

尽管历尽曲折反复，自由还是胜利了。许多在战斗中捐躯的人坚信为反对压迫而死要胜于无自由的生存。此牺牲完全是他们个性的宣言。历史似乎证明人能自治、自决，以自己认可的方式思维、感受。社会发展急速靠近的目标似乎便是完全展示人的潜能。经济自由主义、政治民主、宗教自由及私生活中的个人主义等原则清清楚楚地表明了人渴望自由，同时似乎使人离目标的实现越来越近。羁绊逐个被解除。人类推翻了自然的统治并主宰了她；推翻了教会及专制国家的统治。废除外在的统治似乎不但是实现人孜孜以求的目标——个人自由——的必要条件，而且是充分条件。

许多人认为第一次世界大战是最后的斗争，其结束意味着自由完全胜利。现存的民主似乎得到了强化，新民主取代了旧的君主统治。但是，没过几年，新的制度便登台亮相了，它否定了人类确信无疑的在几个世纪的斗争中赢得的一切。因为这些新制度的本质便是除一小撮人外，所有的人都必须臣服于一个他们无法约束的权威。它有效地控制了人的整个社会和个人生活。

起初，许多人天真地以为权威制度的横行不过是一小撮个人的疯狂行为，其疯狂会使它应时而败落。其他人自鸣得意地认为意大利人，或者德国人缺乏足够时间的有效民主训练，因此人们只需静待他们达到西方民主政治的成熟状态。另外一个也许是最危险的错觉是，希特勒之流靠欺诈控制了国家机器，他们和他们的追随者纯粹靠武力统治；全部人民不过是叛徒和恐怖的随意拿捏的目标。

这些看法的错误随岁月的流逝暴露无遗。我们被迫认识到数百万德国人那么如饥似渴地献出他们的自由，其热情不亚于当年为自由而斗争的他们的先辈们；他们非但不向往自由，反而想方设法竭力逃避它；另有数百万人则漠然置之，他们认为不值得为捍卫自由而牺牲。我们还认识到民主危机不仅仅是意大利或德国的特例，而是困扰任何一个现代国家的普遍问题。人类自由的敌人打什么旗号并没多大关系：反法西斯或直言不讳的法西斯旗号同样会威胁自由。① 约翰·杜威早就断言了这条真理，我只需引其原文。他说："对我们民主的严重威胁，并不在于外部的集权国家，而在于我们自己的个人态度和环境的法律习俗，它们使外在权威、戒律、整齐划一及依赖外国'领袖'得逞。战场也正在这里——在我们自己心中，在我们的法律习俗中。"②

如果我们欲同法西斯做斗争，就必须先了解它。良好愿望并无裨益，背诵乐观的教条像印第安人的祈雨舞仪式一样，终属徒劳。

---

① 我用法西斯或权威主义一词指代德国或意大利式的独裁制度。如果特指德国的制度，则用纳粹主义一词。

② 参见约翰·杜威《自由与文化》，1939 年版。

除引发法西斯主义的社会经济条件问题外，还有一个人的问题急需了解。本书的目的即在于分析现代人性格结构中的那些动态因素，它使得现代人在法西斯国家里想放弃自由，并在数百万我们自己的人民中广为流传。

在讨论自由问题的人的因素，即渴望臣服以及贪求权力时，引人注目的问题便是：作为人类经验的自由是什么？渴望自由是人性中某种与生俱来的东西吗？它是一种无文化差别的共同经验，还是因个人主义在某一特殊社会实现的程度不同而相异？自由仅仅指没有外在压力，还是存在着某种东西——如果是，是什么？社会中促使人为自由奋斗的社会经济因素有哪些？自由会不会成为沉重负担，使人无法承受，进而竭力逃避它？为什么自由是许多人的夙愿，又是其他人的威胁？

在天生的渴望自由之外，是否也可能有一种天生的臣服愿望？否则，我们又如何解释时下那么多人臣服于一个领袖，对他趋之若鹜呢？臣服是否总指对公然的权威，是否也有对内在权威，诸如责任和良心，对内在的强制，对烦人的舆论之类权威的臣服呢？臣服中是否隐含着满足？其本质又如何？

使人贪得无厌地追求权力的原动力是什么？是他们旺盛的精力，还是人性的根本弱点及无能，使之无法自觉热切地体验生活？促成这些原动力的心理条件有哪些？这些心理条件又建立在何种社会条件之上呢？

对自由问题中的人的因素及权威主义的分析迫使我们思考一个普遍的问题，即作为一种积极力量的心理因素在社会进程中的作用；它又必然引发一个社会进程中心理、经济、意识形态诸因素相互交织的问题。任何了解法西斯主义对伟大民族产生吸引力的愿望，都迫使我们认识心理因素的作用。因为我们在这里面对的是一种政治制度，它实质上并非以利己的理性力量为原则，而是激发动员人的穷凶极恶的力量，而我们曾一度认为它并不存在，或者至少早已消失了。过去几个世纪里，我们一直认为人是理性动物，决定其行为的是利己原则及据此行动的能力。即便像霍布斯这样的哲人，尽管他认识到贪求权力和敌视是人的驱动力，可还是把这些力量的存在解释为利己原则的逻辑必然。由于人是平等的，故同样渴望快乐，又由于缺乏足够的财富使他们获得同等程度的满足，他们必然相互争斗，渴望拥有权力，以确保将来能享受现有的一切。但是，霍布斯描绘的景象过时了。中产阶级在打倒以往政治或宗教统治者的权力斗争中的胜利越大，人对大自然的主宰越成功，数百万个人的经济越独立，人就越相信一个理性世界，越相信人的理性本质。人们将人性中黑暗和邪恶的力量归咎于中世纪和更久远的历史时代，归咎于缺乏知识或国王的奸诈及僧侣的阴谋诡计。

回顾这些岁月，就如同观看一座久已熄灭的火山。人颇感安全，坚信现代民主的辉煌成就已消灭了所有邪恶力量；世界光明一片，安全异常，像一个现代城市的街道那样井然有序。战争不过是远古的最后一丝残迹，仅仅再有一场战争就可消灭战争；经济危机纯属偶然，尽管这些偶然事件周期性地持续不断出现。

法西斯上台时，多数人在理论和实践上都始料未及。他们无法相信人怎么会如此嗜好邪恶，会如此贪求权力，如此置弱者的权利于不顾，如此渴望臣服。只有少数人意识到这是火山爆发的前兆。尼采打乱了 19 世纪乐观主义的自鸣得意；马克思则殊途同归。稍后，弗洛伊德又发出了另外一个警告。可以肯定，他和他的绝大多数门徒对社会上发生的一切认识非常天真，他用心理学解释社会问题，多是误导性的；不过，凭借他对个人情绪及心理障碍现象的浓厚兴趣和刻苦研究，我们得以到达火山顶部，俯瞰沸腾的火山口。

弗洛伊德引导人们注意观察分析决定人的某些行为的非理性和潜意识因素，这是他的任何一位前辈都无法企及的。在现代心理学上，他和他的门徒，不仅揭示了现代理性主义所忽略的人性中非理性及潜意识的部分，而且表明这些非理性现象有一定规律，因此可以用理性加以理解。他教会我们理解梦呓、身体症状及人行为中的非理性因素。他发现这些非理性因素及个人的整个性格结构是对外部世界的影响做出的反应，尤其是早期童年时代发生的那些事。

但是，弗洛伊德受他的文化精神影响太深，以至于他无法超出它所设置的某些局限。恰恰是这些局限成了了解病人的障碍；它们妨碍了他理解常态个人及在社会生活中起作用的非理性现象。

由于本书重在分析整个社会进程中精神因素的作用，又由于这些分析基于弗洛伊德的某些基础性发现——尤其是有关人性格中的潜意识力量的活动及其对外在影响的依赖性，我认为读者从一开始便了解我们研究方法的基本原则，以及这种方法与经典弗洛伊德概念间的区别，是大有裨益的。①

弗洛伊德接受了传统的人与社会基本冲突对立的观念及传统的性恶论。他认为人基本上是反社会的。社会必须驯化他，必须允许他直接满足

---

① 一种以弗洛伊德理论的基本成就为基础，但在许多重要方面异于弗洛伊德精神分析的方法见诸卡伦·霍尼的《精神分析新方法》，纽约 W.W. 诺顿公司（1939 年版），及哈里·斯塔克·沙利文的“现代精神治疗学新概念——纪念威廉姆·阿兰森·怀特首次演讲”，载于《精神治疗》，1940 年版，第 3 卷，第 1 号。尽管二者相异之处颇多，但此处所介绍的基本是二者相同的看法。

某些无法消除的生物冲动（drives）。但社会在绝大多数情况下必须净化并巧妙抑制人的基本冲动。在社会对人的自然冲动的压抑下，奇妙的事情发生了：被压抑的冲动变成具有文化价值的奋斗动力（strivings），而且成为文化的人文基础，弗洛伊德用“升华”一词来表示这种由压抑而成为文明行为的奇妙转变。如果压抑超过“升华”的能力，那么，个人就会患神经症，就必须减轻压抑。然而，一般地说，人的基本冲动的满足与文化的关系是相反的；压抑越大，文化程度便越高（患神经症的危险也就越大）。按照弗洛伊德的理论，个人与社会的关系基本是固定不变的：个人基本保持不变，只是在社会对他的自然冲动施加更大压力（升华也增强了）或允许其得到更大满足（因此牺牲了文化）时，才发生变化。

像早期心理学家接受的所谓人的基本本能观念一样，弗洛伊德的人性概念主要反映了现代人最重要的冲动。弗洛伊德认为，其文化上的个人代表着“人”，现代社会里人特有的激情和焦虑则是植根于人的生物构造中的永恒力量。

虽然我们可以举出大量例子（例如，目前现代男性所怀有的敌视的社会根源，俄狄浦斯情结，及女性所怀有的所谓的阉割情结），但是，我只想再举一例，它非常重要，关乎作为社会存在物的人的整个概念。弗洛伊德总是从与他人关系的角度考察个人。然而，弗洛伊德认为这些关系同资本主义社会特有的个人与他人的经济关系别无二致，人人凭自己的运气为自己工作，而非首要地与他人合作。但他并非鲁宾逊·克鲁索，作为顾客、雇员或雇主，他需要别人，他必须买卖、予取，市场，无论是商品市场，还是劳务市场都会来规范这些关系。这样，作为达到买卖目的的一种手段，最初本是形单影只、自给自足的个人与他人发生了经济关系。弗洛伊德关于人的关系概念基本是一样的：充满天然生物冲动的个人为满足这些冲动，必须与其他“对象”发生关系。其他个人便总是达到目的的一种方式，以满足那些在与别人发生关系之前产生于个人自身的冲动。弗洛伊德所谓的人类关系领域便类似于市场——系一种满足天然生物需求的交换，此间与他人发生的关系总是达到目的的一种手段，但绝非目的本身。

本书的分析与弗洛伊德的观点相反，它建立在以下的假设基础之上，即心理学的关键问题是个人与世界的那种特殊联结关系问题，而非每个人或此或彼的本能需求之满足或受挫。不仅如此，它还假设人与社会的关系并非静止不变的。这并非好像一方面是满是天然冲动的个人，另一方面，作为独立于人之外的社会，或满足或挫败这些与生俱来的嗜好。虽然人人都有诸如饥、渴、性等某些需求，但是，引起人性格差异的那些冲动，如爱恨、贪求权力、渴望臣服及沉溺于恐惧或感官享乐等，都是社会进程的产物。人的倾向，最美好的抑或最丑恶的，并非人性固定的生物部分，而是创造人的社会进程的产物。换言之，社会不但具有压抑功能，而且有创造功能。人的天性、激情和焦虑都是一种文化产物；实际上，人自身就是人类不断奋斗的最重要的创造物和成就，其记录便被称为历史。

社会心理学的任务恰恰就是理解人的创造这一历史进程。人的性格为什么会随历史时代的变化而发生某些明确改变？为什么文艺复兴时期的精神与中世纪的不同？为何垄断资本主义时期人的性格结构与19世纪的不同？社会心理学必须了解或好或坏的新能力及新激情是如何产生的。因此我们发现，例如，从文艺复兴到现在，人总有一种强烈的追求名声的野心，这种目前已是司空见惯的欲望在中世纪人身上却体现甚微。① 人类在同一时期还发展出了一种前所未有的爱自然的情感。② 再者，从16世纪起，

①② 参见雅克布·布尔克哈特《意大利文艺复兴时期的文化》，1921年版。

北欧国家的人发展出了一种努力劳动的观念，这在以前恰恰是自由人所缺乏的。

然而，历史不但造就了人，人也造就了历史。这个看似矛盾的结论恰恰就是社会心理学的领域。[①] 其任务就是，不但要阐明作为社会进程结果的激情、欲望、焦虑是如何变化发展的，而且要揭示被塑造成特殊形式的人的能量又是如何反过来变成生产力、塑造社会进程的。比如，追求名声与成功及拼命劳动是现代资本主义赖以发展的力量。没有这些及人的某些其他力量，现代人就缺乏按照现代工商业制度的社会经济需求行动的动力。

从上面的分析可以知道，本书的观点与弗洛伊德的观点不同，因为本书实在不敢恭维弗洛伊德所谓的历史本身就是心理力量的结果，并受社会条件影响的这一论点。本书也不敢恭维那些忽视人在社会进程中作为动力因素存在的理论。本书不但批判那些意欲把心理问题排除在社会学之外的社会学理论（如涂尔干及其学派），而且要批判那些多少与行为主义心理学有染的理论。众所周知，这些理论假设人性自身不具备动力，心理变化不过是为适应新的文化模式而发展起来的新“习惯”。尽管这些理论也言及心理因素，但同时又把它贬低为文化模式的一个影子。只有弗洛伊德奠定了理论基础的动力心理学才能走得更远，而不是空言人的因素。尽管无恒常不变的人性，但我们也不能认为人性可以无限延伸，能够不用发展一种自己的心理动力即可适应任何环境。人性固然是社会历史进化的产物，但也有某些与生俱来的机制与规则。心理学的任务便是发现这些机制与

---

① 参见社会学家 J. 多拉德和 H.D. 拉斯韦尔，人类学家 R. 贝内迪克特、J. 哈洛韦尔、R. 林顿、M. 米德、E. 萨丕尔及 A. 卡迪奈尔等人在把精神分析概念应用于人类学方面所做的贡献。

规则。

在这方面，读者似乎有必要全面了解迄今为止我所讲的东西和即将讨论到的“适应”一词的含义。本讨论还将说明所谓的心理机制与规则的含义。

区分“静态适应”和“动态适应”似乎很有裨益。所谓静态适应是指模式上的适应，整个性格结构并未发生变化，只不过采纳一种新习惯。此类适应的一个例子便是弃用中式餐饮方式，而就西式刀叉。来美国的中国人自会适应这种方式，但它本身并不影响性格；它不会引起新的冲动或性格特征。

所谓动态适应是指，譬如，一个孩子屈服于他严厉可怕的父亲，他实在太惧怕他了，不敢违抗，并从而变成一个“好”孩子。他在自我适应环境需要时，发生了某些内在变化。他对父亲可能会产生一种强烈的敌意，但又必须压抑它，表达出来甚或清醒地意识到它，都十分危险。然而，这种被压抑的敌意，虽然没表达出来，但却成了他性格结构里的一个动态因素。它可能造成新的焦虑，并进而使他更加屈服；它也可能产生一种模糊的反抗，虽非针对任何个人，但实际上却针对整个生活。这里所说的适应，同前面所讲的第一种适应一样，系个人自我适应某种外在环境，但却在他身上产生新东西，引发新的冲动和焦虑。每位神经症患者都是这种动态适应的例子之一。本质上，它是对诸如不合理因素及总的来说对儿童生长发育不利的外部环境的适应（尤其在童年早期）。同样，社会群体中存在的强烈破坏或虐待冲动之类的类似于神经症现象的社会心理现象（为何不称之为神经症，容后再论），便是对不合理的、有害于人发展的社会环境的动态适应。

除适应的类型问题外，我们还必须直面其他问题：是何种力量迫使人自我适应各种可以想见的生活环境？其限度又如何？

要回答这些问题，我们必须探讨的第一个现象便是，人性中有些部分比其他部分更具灵活性和适应性这个事实。那些使人据以有别的冲动与性格特征显示出极大的伸缩性和适应性，譬如：爱、破坏欲、虐待狂、臣服倾向、贪求权力、超然性、自大狂、节俭欲、感官享乐及对声色犬马的恐惧等。人身上这些及其他许多冲动和恐惧的发展是对某些生活环境的反应。它们并非尤为灵活易变，因为一旦它们已变成人性格的一部分，就不会轻易消失或变为其他冲动。但在下列情况下它们又是灵活易变的，即个人，尤其是处于童年期的个人，会根据其所赖以生存的整个生活模式，发展成或此或彼的需求。这些需求都不是固定不变的。它们并非人性中与生俱来的部分，并非在任何情况下都必须得到发展、得到满足。

与这些需求相对，人性中还有某些不可或缺的成分，如饥、渴、睡眠等。它们必须永远得到满足，即这些需求是植根于人的物质机体中的。每种需求都有一个限度，达不到限度，需求便得不到满足，便无法忍受；超过了限度，希望满足需求的倾向便具有一种强人的冲动。所有这些物质化的需求可以用自我保存需求这个概念来概括。这种自我保存需求是人性的一部分，在任何情况下，都必须得到满足，从而它们构成人行为的首要动机。

简而言之，人必须吃、喝、睡、保护自己免受敌人侵害，等等。为达此目的，他必须劳动生产。但是，“劳动”绝非抽象的东西，它总是具体的劳动，即在某种特定经济制度下的某种特定劳动。一个人的劳动身份在封建制度下可以是奴隶，在普韦布洛印第安小村落中可以是农民，在资本主义社会中可以是独立商人、现代大商场的女售货员、大工厂流水生产线上的工人。这些种类各异的劳动需要的人格特质是完全不同的，还造成不同种类的人际关系。人一出生，他的舞台便准备好了。他得吃喝，得劳动；这意味着他不得不在特定环境下劳动，不得不以他赖以生存的那种社会所决定了的方式劳动。原则上，作为个人的他是无法改变生存需求和社会制度这两点的。这两点还决定了其他那些更具可塑性的特性的发展。

正如经济制度的特定性决定了人的生活模式，生活模式便成为决定整个性格结构的首要因素，因为急切的自我保存需求迫使人接受他生存的环境。这并不意味着他无法同别人一起，对某些经济和政治变革施加影响。但是，人的人格主要是由特定生活模式塑造的，因为自孩提时代起，他就借家庭这个媒介面对它。家庭具备了某一特定社会或阶级的所有典型特征。①

生物化的需求并非人性中惟一的强制性需求。还有另外一种同样刻不容缓的需求，它虽不植根于肉体过程中，但却深植于人类模式的本质与生活实践中：人需要与自身之外的世界相联系，以免孤独。感到完全孤独与孤立会导致精神崩溃，恰如肉体饥饿会导致死亡。这种与他人发生联系并不等同于身体的接触。一个在物质意义上与世隔绝多年的个人可能在观念、价值或至少在社会模式上与外界相连，这些东西给他一种共同感和“归属”感。反之，他或许生活在芸芸众生中，但却完全感到孤独，如果超过一定限度，其后果便是患以精神分裂症为典型代表的精神病，我们可

---

① 我想警告大家的是，这个问题经常引发混乱。社会的经济结构在决定个人的生活模式中只是人格发展的条件。这些经济条件与主观经济动机完全不同。例如，从文艺复兴直到某些曲解马克思基本概念的马克思主义者，他们认为追求财富是人类行为的首要动机。实际上，追求物质财富的迫切愿望只是某些文化的特殊需求，不同的经济条件也可能塑造出憎恨或漠视物质财富的人格特征。我已在“社会心理分析的方法与任务”一文中详细阐述了这个问题，载于《社会研究期刊》，1932 年版，第 1 卷，第 28 页。

以称这种在价值、符号、模式方面的缺乏联系为精神孤独。它与物质孤独一样难以忍受，而后者只在意味着精神孤独时才会无法忍受。精神上与世界相连可以有多种方式，斗室中信仰上帝的僧侣，牢囚中与战友同仇敌忾的政治犯在精神上是不孤独的。

在最最陌生的环境中，身穿晚礼服的英国绅士和远离同胞的小布尔乔亚，他们对其国家或民族象征的感觉是相同的，他们并不孤独。与世界联系的种类或显或微，但即便以最卑微的模式相联系，也远胜于孤独。宗教与民族主义，以及任何无论多么荒唐和低贱的风俗和信条，如果仅仅使个人与他人相连，也是逃避最令人恐惧的“孤独”的避难所。

巴尔扎克在《发明家的苦难》里的一段话里，深刻地描绘了逃避精神孤独的这种迫切需求：

> 但是，要铭记一件事，将它深深印入你灵活异常的脑海里：人惧怕孤独。在所有的孤独中，精神孤独是最可怖的。高级隐士们与上帝同在，他们居住的世界热闹非凡，是个精神的世界。一个人，无论是麻风病人还是囚犯、罪犯抑或病人，他的第一个念头便是：找一个与自己的命运息息相关的伙伴。为满足生命自身的这个欲望，他竭尽全力，倾其所能，终生不渝。如果没有这种压倒一切的欲望，撒旦怎会找到伙伴？人可以就此主题创作一部完整的史诗，它将是《失乐园》的序言，因为《失乐园》不过是反叛的告白。

任何回答为什么人那么强烈地惧怕孤独的企图，都会将我们大大引离本书的主题。然而，为了不使读者对与他人连为一体的需求感到神秘，我还是愿意根据我的看法，指明答案的方向所在。

一个重要的因素便是，人只有同他人进行某些合作才能生存。在任何一种可以想见到的文化中，如果人想生存，就必须与他人合作，无论意在御敌抑或防御自然危害，还是意在劳动生产。即便是鲁宾逊·克鲁索，也有他的“星期五”为伴，没有“星期五”，他不但可能发疯，更可能早就死掉了。孩提时代的每个人都有这种非常强烈的需要他人帮助的体验。就儿童实际上在所有重要功能方面无法照顾自己而言，与他人交往便是儿童生死攸关的大事。陷入孤独势必是对儿童整个生存的最致命威胁。

然而，使“归属”需求变得那么强烈的因素还有一个：主观自觉意识，即人借以认识到自己是个异于自然及他人的个体的思维能力。下一章将会讲到，尽管这种意识的程度各异，它的存在还是使人面临一个本质上的人为问题：由于意识到自己与自然及他人不同，意识到——哪怕非常朦胧地——死亡、疾病、衰老。与宇宙及其他所有非“他”的人相比，他必然备感自己的微不足道（insignificance）与渺小。除非他有所归依，除非他的生命有某种意义和方向，否则，他就会感到自己像一粒尘埃，被个人的微不足道感所压垮。他将无法同任何能赋予其生命以意义，并指导其方向的制度相联系，他将疑虑重重，并最终使他行动的能力——生命——丧失殆尽。

在深入探讨之前，小结一下我们已指出的关于社会心理学的总体方法是大有裨益的。人性既非一个生物上固定不变的天生欲望冲动的集合体，亦非文化模式的毫无生机的影子，可以轻松自如地适应它；它是人类进化的产物，但也有某些固有的机制和规则。人性中的某些因素是固定不变的；物质化的冲动必须得到满足，避免孤立与精神孤独。我们已经看到，个人不得不接受决定于任何特定社会的生产分配制度的生活模式。在适应文化的动态过程中，一些强烈的激发个人行动与感情的欲望冲动发展起来。个人或许意识不到这些冲动，但无论如何，一旦它们发展起来，就是非常强烈的，就亟需满足。它们化成的强大力量反过来又对社会进程的塑造效用非凡。经济、心理及意识形态诸因素相互交错的程度如何，以及就此人们能进一步得出何种普遍性的结论，我们将在下文分析宗教改革和法西斯时再行讨论。① 我们的讨论将紧紧围绕本书的主题：即人从人与自然的原始一体状态中获得的自由愈多，愈成为一个“个人”，他就愈别无选择，只有在自发之爱与生产劳动中与世界相连，或者寻求一种破坏其自由及个人自我完整之类的纽带与社会相连，以确保安全。②

---

① 我将在一篇附录中更详细地讨论性格与社会——经济因素间相互关系的方方面面。

② 本书的草稿完成后，R.N. 安森策划主编了《自由的含义》一书，专门研究自由的方方面面，1940 年版。这里我还想专门指出 H. 伯格森、J. 杜威、R.M. 麦基弗、K. 里茨勒、P. 蒂利希的文章。又见 C. 施托伊尔曼《逃跑的人》，1932 年版。

第二章　个人的出现及自由的模棱两可

在我们讨论主题——现代人的自由意味着什么，他为什么、又是如何逃避它的之前，我们必须先探讨一个看似与现实不相干的概念。然而它恰恰是理解对现代社会自由的分析的必要前提。我所谓的概念是：自由是人存在的特征，而且，其含义会随人把自身作为一个独立和分离的存在物加以认识和理解的程度不同而有所变化。

人类的社会历史始于他在与自然世界的一体状态中，开始意识到自己是与周围的自然及人相分离的实体之时。不过，这种意识在相当长的历史时期内是非常朦胧的。人继续与他赖以发生的自然及社会保持密切联系；尽管他部分地意识到自己是个独立实体，但他还认为自己是周围世界的一部分。我们可以称这个个人日益从原始纽带中脱颖而出的过程为“个体化”。它似乎在现代历史上从宗教改革至今的几个世纪中达到巅峰。

在个人的生命历史中，我们发现了同样的过程。儿童出生后便断绝了与母亲的一体化状态，成为与之完全分离的生物实体。然而，尽管生物上的分离是个人存在的开始，但在功能上，儿童在相当时期内仍与母亲一体。

形象地说，在个人完全切断束缚他进入外面世界的“脐带”之前，他无自由可言；但这些纽带给了他安全，使他有归属感，他感到生命的根。我想称这些先于个体化进程而存在、并导致个人完全呈现的纽带为“始发纽带”。它们是器质性的，因为它们是常人发展的一部分；它们意味着缺乏个体性，但同时又赋予个人以安全和导向。它们是联结母与子、原始共同体成员与其部落及自然、中世纪人与教会及其社会阶级的纽带。一旦个体化全部完成，个人从这些始发纽带中解放出来，他又面临新的任务：他必须自我定位，在这个世界上扎下根，寻找不同于其前个体存在状态所具有的更安全的保护方式。此时的自由含义也与以往不同。这里有必要停下来，更具体地讨论它与个人及社会发展的联系，以厘清这些概念。

由胚胎到真正的人的相对突然转变，还有联结母子的脐带被割断，标志着婴儿独立于母体。但这种独立只是粗浅意义上两个身体的分离。从功能上讲，婴儿仍是母亲的一部分。他在养护等每个重要方面都受到母亲的照料。孩子逐渐认识到母亲与其他实体一样与己有别。此过程的一个方面是孩子的神经及身体的全面发展，它理解并把握物质或精神对象能力的提高。它在个人的活动中体验外面的世界。教育进一步深化个体化进程。某些挫折与禁忌杂陈其间，它改变了母亲的地位，使她与孩子的目标相异，与孩子的愿望发生冲突，还经常受到孩子的敌视，成为危险人物。①这种对立虽非教育过程的全部，但却是一个部分，是加深“我”与“你”之间差别的重要因素。

孩子出生几个月后方能辨认另一个人，方能报以微笑，几年后方能不再将自己同宇宙混为一谈。②那时，他方体现出儿童特有的典型的自我中心，但这并不排除他喜欢别人，对别人感兴趣，因为他尚未明确体会到

---

① 必须指出，每个人本能上的挫折本身并不引起敌视。只有自我膨胀受挫，试图打断孩子的自我权利主张及受父母敌对情绪的影响——简言之，只有压迫气氛才使孩子备感无能为力，敌视由此而生。

② 参见让·皮亚杰《儿童的道德判断》，1932 年版，第 407 页。

“别人”真的与他不同。同样，儿童在最初的这些年里依赖权威也与后来的依赖权威含义不同。无论父母抑或任何其他权威，都非本质上独立的实体；他们仍是儿童宇宙的一部分，而这个宇宙仍是儿童的一部分；因此，服从他们与两个个人完全分离时的那种服从有本质的区别。

R. 休斯在《牙买加的劲风》一书中，淋漓尽致地描述了一位10岁儿童个体性意识的突然苏醒。

> 接着，一件对埃米莉至关重要的事情发生了。她突然意识到她是谁了。没人知道它为什么不在5年前或5年后再发生；更没人晓得为什么偏偏在那个下午。她正在船头起锚机后面的右角落里玩做家务的游戏（把一个制链钩放在起锚机上当门把手），玩腻了后，就漫无目的地到处闲逛，胡思乱想着蜜蜂和美丽的仙女。突然，一个念头划过脑海，她意识到她是**她**。她定神凝望，开始打量自己的身体，她能看到的并不多，只有自己长外衣的前面和双手；但这已足够了，她对突然意识到属于自己的幼小身躯有了一个粗略的印象。
>
> 她开始非常自嘲地放声大笑起来，她想：“嗨！想想你自己，在所有的人中，偏偏长成这个样子，现在，你是无法摆脱这个样子了，但这个样子不会保持很长时间的：你会从儿童成为成人，再变成老人，然后，你就扔掉这套鬼把戏！”
>
> 为了不打断这个至关重要的时刻，她开始攀登绳索横梯，朝桅顶上的高架爬去。然而，她每动一下手和脚，这个简单的动作都撞击着她，使她阵阵惊喜，惊奇地发现它们是那么协调地服从自己。当然，记忆告诉她，这一向如此；但以往她从未发现这如此令人惊讶。坐在高架上，她开始全神贯注地审视自己手上的肌肤；因为它是**她的**。她

解开大衣，露出一只肩膀，朝大衣里窥视了一下，确信与衣服里面的部分互为一体后，她耸起肩膀，用它去触摸面颊。脸颊与湿润的肩头相触，使她有一种舒畅的快感，就像某位朋友的爱抚。但她分不清这种感觉来自面颊还是肩头，更不清楚谁是爱抚者，谁是被爱抚者。

一旦完全确信她现在就是埃米莉·巴斯-桑顿（她不清楚为什么要加入“现在”一词，因为以前她确实不能想象自己会有是别人之类的怪念头）这个惊人的事实后，她就开始严肃地思考它的含义。

儿童的年龄越大，达到断绝始发纽带的程度越高，他渴望自由与独立的愿望就越强烈。但是，我们只有认识到日益加剧的个体化进程的辩证特征，才能充分理解这个愿望的命运。

此进程有两个方面：一是儿童在肉体、情感和精神上越发强壮，各方面的强度和活动都在增加。在个人意志和理性的引导下，有组织的结构发展起来。如果我们把这个有组织、完整的整个人格称为自我，也可以称**个体化进程日益加剧的一方面为自我力量的增长**。个体化增长与自我的局限部分地受制于个人的条件，但主要受制于社会条件。因为，虽然个人之间这方面的差异很大，但每个社会的个体化水平程度是有一定限度的，一般的正常个人无法逾越。

个体化进程的另一方面是**孤独日益加深**。始发纽带提供了安全保护，以及与外面世界连为一体的基本条件。这种状况一直持续到儿童意识到自己在赖以发生的世界里的孤独状态，意识到自己是与别人分离的个体。个人独立存在，与世界分离；与世界相比，个人觉得世界强大无比，能压倒一切，而且危险重重，由此，他产生一种无能为力感和焦虑感。只要个人不是那个世界不可分割的一部分，还没意识到个人行动的可能性和责任，他就用不着害怕。一旦成为一个个人，他就形只影单，只能独自面对世界各方面的危险和强大压力。

于是，为了克服孤独与无能为力感，个人便产生了放弃个性（individuality）的冲动，要把自己完全消融在外面的世界里。然而，这些冲动及由此而生的新纽带与自我增长进程中切断的始发纽带并不是一回事。正如儿童永远无法在肉体上返回母亲的子宫里，同样，个体化进程在物质上也是不能重复的。此类企图必然带有臣服特征，其中权威与臣服于它的儿童之间的基本冲突永远不会消除。儿童可能在意识上感到安全和满足，但在潜意识里，他却认识到其代价便是放弃力量与自我完整。因此，臣服的结果是物极必反：既加剧了儿童的不安全感，同时又制造了敌视与叛逆情绪。

然而，臣服并非避免孤独和焦虑的惟一方式。还有另外一种，这是惟一一种良性的不以无休止的冲突而告终的方式，即，**与人和自然的自发联系**。它把个人与世界联系起来，但并没有毁灭其个性，这类联系的本质体现就是爱与劳动，它植根于全部人格的完整与力量中，因而也受自我增长中存在的局限限制。

我们将在后面详细讨论个体化进程日益增长带来的两个可能结果，臣服与自发活动问题；这里我只想指出日益加剧的个体化和个人自由辩证过程的总体规律。儿童更加**自由地**（free to）发展并表达个人自我，不受那些束缚纽带的限制；但同时也越来越**远离**（free from）为他提供安全并树立信心的世界。个体化进程是一个力量增长和个人人格不断完善的过程，但同时又是一个丧失与别人共有的原始共同性，同时让儿童与他人越来越分离的过程。这种日益加剧的分离可能导致寂寞的孤立，产生紧张的焦虑和不安全感，如果儿童能够发展内心的力量和创造力的话，也有可能与他人建立一种新的密切而又休戚与共的关系。发展内心的力量和创造力是与世界建立新型关系的前提。

如果分离和个体化进程的每一步都伴随着相应的自我增长，那么儿童的发展便和谐了。然而，事实却非如此。在个体化进程自发进行的同时，一些个人及社会的原因却妨碍了自我的增长。这两个趋势间巨大差异的结果是人产生一种无法忍受的孤立与无能为力感，还导致心理逃避机制的产生，也就是后面所说的**逃避机制**。

从动植物种类演化角度看，人类历史的特点也可以说是一个个体化和自由不断加深的过程。人走出前人类舞台，就标志着迈出了摆脱强制本能的束缚，谋求自由的第一步。如果我们清楚本能上有一种受先天神经结构网络决定的特殊行为模式，我们就能在动物王国发现一种清晰的趋势。① 动物发展程度越低，它对自然的适应能力就越强，它的所有活动便越受本能和反射行为机制的控制，某些昆虫的社会化组织都完全是本能使然。相反，动物的发展程度越高，它的行为模式的灵活性就越大，出生时的结构调整功能就越不完整，人就是这种发展的顶点。降生伊始，人是所有动物中最无助的。他对自然的适应基本以学习过程为基础，而不是受本能的决定。“本能……在较高级的动物，尤其是人身上，即使没有消失，也在不断退化。”②

当本能的固定行为的缺乏超过一定限度时，当对自然的适应不再有强制特征时，当行为模式不再受先天的机制限制时，人便开始存在了。换言

① 切勿把这里所说的本能与生理上的欲求本能（如饿、渴等）混为一谈。生理上的欲求本能的满足，并不是固定不变的，也并非由遗传因素决定的。

② 参见 L. 伯尔纳《本能》，1924 年版，第 509 页。

之，**人的存在与自由自始便是密不可分的。**这里所说的自由并非积极意义上的“自由地发展”，而是消极意义上的“摆脱束缚，获得自由”，即在行为上摆脱本能决定的控制。

上述意义上所讨论的自由是含混不清的。人降生时并没有动物所具有的适应某些行为的机制。① 人对父母的依赖比任何动物都多，对环境的反应能力也比受自发本能行为调节的动物差得多。他忍受着因缺乏本能机制所引发的所有危险和恐惧。但人的这种无助恰恰奠定了人发展的基础。**人在生物学上的弱点，恰是人类文化产生的条件。**

人从存在之日起，就面临着不同行为模式的选择。动物有不间断的反应链，从诸如饥饿之类的刺激开始多少有点严格固定的行为模式，解除由刺激引发的紧张；但在人那里，这个反应链却是间断的。刺激当然存在，但满足的方式是“开放的”，即，他必须在各种行为模式中做出选择。人的行为不受固定的先天本能决定，他不得不在内心里权衡可能的行为模式，他开始思考；他改变了自己在大自然中的地位，从完全被动的消极适应变为积极的主动适应，他开始生产；他发明了工具，并在支配自然的过程中，离它越来越远。他开始朦胧地意识到自我或者群类与自然不同；他渐渐明白了自己的悲剧命运：他既是自然的一部分，又要超越自然。他还发现，哪怕竭力幻想否定死亡，但死亡仍是他的最终归宿。

《圣经》中人被逐出天堂的神话景象生动地反映了人与自由的基本关系。

这个神话把人类历史的开始与行为选择等同起来，但它的重点在于这个首次自由行为的罪恶及由此而生的痛苦。男人与女人和谐无隙地生活

---

① 参见 R. 林顿《人的研究》，1936 年版，第 4 章。

在伊甸园里，与自然浑然一体。那里惟有和平，没有劳动的必要；没有选择，没有自由，更没有思考。人被禁止吃分别善恶的智慧果。人违反了上帝的禁令，打破了与自然的和谐状态，从而使自己超越了自然，不再是它的一部分。从代表权威的教会角度来看，这在本质上是罪恶的。然而，从人的角度来看，这却是人类自由的开始，违背上帝的命令意味着把自己从强迫状态下解放出来，意味着从无意识的前人类生命存在状态中走出来，跃升到人的阶段。从人的积极角度来看，违背权威的禁令，犯下罪恶，正是首次自由行为，也就是第一次人的行动。神话中的罪恶在形式上是违抗上帝的命令，在物质上则是吃了知识之树的果实，作为一种自由行为，不服从则是理性的开端。该神话还谈到了这个首次自由行为带来的其他后果。人与自然的初始和谐状态被打破，开始与自然分离，他变成一个“个人”，向成为“人”迈出了第一步。他已完成了第一次自由行为。该神话还强调了此行为造成的痛苦，由于想超越自然，想与自然及他人分离，人发现自己赤身裸体，感到羞耻。他形只影单，自由自在，但又觉得无能为力，恐惧异常。新获得的自由成了诅咒，他**摆脱了**天堂甜蜜的**束缚**，**获得了自由**，但却无法**自由地**治理自己，无法**自由地**实现个性。

“摆脱束缚，获得自由”与积极的自由即“自由地发展”之自由并不是一回事，人脱离大自然独立出现是一个漫长的过程。他在很大程度上仍与他赖以发生的世界连为一体，仍是自然的一部分，是他赖以生存的大地、日月星辰、花草树木、动物及血缘群体的不可分割的一部分。原始宗教便证明了人与自然的一体感，有生命的自然和无生命的自然都是他的人类世界的一部分，也可以说，他仍是自然世界的一部分。

这些始发纽带屏蔽了人的全面发展，是人的理性及批判能力发展的绊脚石。它们让他或他们以作为一个部落、一个社会或宗教共同体的一分子，而非作为一个个人，来认识自己，也就是说，它们妨碍他发展为一个自由、自决、有创造力的个人。虽然这些纽带有这一面的不利，但也有有利的一面。个人与自然、部落、宗教浑然一体，能获得安全感。他属于并植根于有组织的整体，他在那里有无可置疑的位置。他或许遭受饥饿和压迫，但不会有最大的痛苦——完全的孤独与疑虑。

我们发现，人的自由增长过程与个人的成长过程一样具有辩证特征。一方面，它是一个人的力量与完整性不断增强，对自然的支配越来越得心应手的过程，是理性能力以及与他人的联系日益紧密的过程；但另一方面，这个日益加剧的个体化进程又意味着孤独感和不安全感日益增加，也意味着个人对自己在宇宙中的地位，对生命的怀疑增大，个人的无能为力感和微不足道感也日益加深。

如果人的发展过程和谐有致的话，如果它遵循一定计划的话，那么，发展过程的两个方面，即，力量日益增大和个体化日益加深，就会完全均衡了。实际上，人类的历史是冲突和斗争的历史。朝个体化加深方向每迈出一步，新的不安全感对人们的威胁就更进一步。始发纽带一旦切断，便无法重续。乐园一旦失去，便无法返回。解决个体化的人与世界关系的惟一可能的创造性方案是：人积极地与他人发生联系，以及人自发地活动——爱与劳动，借此而不是借始发纽带，把作为自由独立的个体的人重新与世界联系起来。

然而，如果整个人类个体化进程所依赖的经济、社会和政治条件没能为刚才所说的意义上的个体化的实现提供基础，人们同时又失去了为他提供安全的那些纽带，这种滞后便使自由成为一个难以忍受的负担。于是它便等同于怀疑，等同于一种缺乏意义与方向的生命；于是人便产生了逃避这种自由的强烈冲动，或臣服，或与他人及世界建立某种关系，借此摆脱不安全感，哪怕以个人自由为代价，也在所不惜。

中世纪结束以来的欧美史便是个人完全显现的历史。该过程始于意大利，始于文艺复兴，但似乎只到现在才达到顶峰。人们足足用了四百年的时间才将封建世界打碎，才将人从最赤裸的束缚中解放出来。但是，随着个人在许多方面的成长，在心智和情感方面的发展，在文化上取得前所未有的成就，“摆脱束缚，获得自由”与“自由地发展”两种自由之间的鸿沟越来越大，人挣脱了束缚自由的纽带，但又没有积极实现自由和个性的可能性，这种失衡在欧洲的结果便是，人们疯狂地逃避自由，建立新的纽带关系，或至少对自由漠然视之。

我们将从分析中世纪末暨近代初期的欧洲文化入手，来研究自由对现代人的意义。此间西方社会的经济基础经历了剧烈变化，而人的人格结构也同样随之巨变，新的自由概念也应运而生，它在意识形态领域里最显著的表白便是宗教改革时期的新宗教教义。认识现代社会的自由，必须从那个时代开始，因为它奠定了现代文化的基础。我们现代人形成于这个阶段，它比以后的任何阶段都更清楚地体现了贯穿于现代文化始终的自由的模棱两可含义：一方面，人摆脱外在的权威，日益独立；另一方面，个人日益觉得孤独，觉得自己微不足道、无能为力。因为从根子上分析资本主义及个人主义的本质特征，能够使我们把一种与我们有本质区别的经济制度及人格类型相比较，所以，考察人格结构的由来，可加大我们对人格结构新要素的理解。恰恰这种对比为我们理解现代社会制度的特殊性，理解它如何塑造了生活于其中的人的性格结构，以及由这种人格变革而产生的新精神，提供了更好的视角。

下一章将进一步阐明，宗教改革时期与现代有比我们第一印象所感到的更多的相似性。事实上，虽然这两个时代有种种显著差别，但在自由的两可含义上，自 16 世纪以来，可能没有哪个时代比它与我们这个时代更相近。宗教改革是现代民主所代表的人类自由和自治观念的根源之一。然而，在始终强调这一面的同时，尤其在非天主教国家，其另一面——人性的邪恶、个人的微不足道及无能为力感以及个人必须臣服于一个外在的权力——却被忽视了。这种个人微不足道的价值观，个人根本无法依赖自己以及个人的臣服需求也是希特勒意识形态的主题，虽然它缺乏新教强调自由与道德原则的固有特征。

使 15 和 16 世纪的研究成为理解现代的良好开端的，并不仅仅在于意识形态上的相似性，还有社会形势之间的根本相似性。我将尽力说明这种相似是意识形态和心理方面相似的原因。那时同现在一样，一大部分人的传统生活方式受到经济和社会组织革命性变革的威胁；今天，尤其是中产阶级，受到垄断权力及资本强大力量的威胁。这种威胁通过强化个人的孤独感和微不足道感，对社会中受威胁群体的精神和意识形态产生了重大影响。

第三章　宗教改革时代的自由

（一）中世纪的背景和文艺复兴

中世纪①受到两种曲解。现代理性主义者认为中世纪基本上是个黑暗时代。他们指的是它普遍缺乏个人自由，少数人剥削多数人，狭隘闭塞，城里人把周围乡村的农民视为危险而可疑的陌生人——更不用说他国的人了，还有迷信与愚昧。另一方面，中世纪又被理想化了，这主要是那些保守哲学家，有时是一些现代资本主义的进步批判家。他们指出的是中世纪的人，经济活动服从于人的需求，人际关系直接而恒定，超国家的天主教会信仰，以及中世纪人的安全感。这两种看法都是正确的；双方的错误在于都只看到了一面而忽略了另一面。

与现代社会相比，封建社会的特征就是缺乏个人自由。封建社会早期，人在社会等级中的地位是固定的。一个人在社会地位上几乎没机会从一个阶级转变到另一个阶级。从地理位置来讲，他几乎不可能从一个镇迁到另一个镇，或从一个国家迁到另一个国家，他必须从生到死，待在一个地方，甚至连随己所好吃穿的权利都没有。工匠的产品必须限价售卖，农民必须到指定的城镇市场买卖。行会会员不得向非本行会的会员泄露任何生产技术的秘密，还必须与会友共享便宜的原材料。个人、经济和社会的生活都是受制于种种规则和义务，概莫能外。

但是，尽管中世纪的人在现代意义上是不自由的。不过他既不孤单，也不孤独。由于自降生起人便在社会体系中有了一个确定的、不可变更而又无庸置疑的位置，所以他扎根于一个有机整体中，没必要也无需怀疑生命的意义。人与其社会角色是一致的，他是农民，是工匠，是骑士，而非偶尔从事这种或那种职业的个人。社会等级便是一种自然等级，也是给人以安全感和归属感的明确部分。那时几乎没有什么竞争。人的经济地位是生而决定的，它是生活的保障，生活又受制于传统。同样，经济地位要求社会上层的上等人承担经济责任。但在个人的社会限定范围内，他实际上在劳动和情感生活方面有许多展示自己的自由。虽然那时没有现代意义上的个人主义，即自由地选择生活方式（自由选择是非常抽象的），但**在实际生活中**却有诸多**具体的个人主义**。

人们经历了许多痛苦磨难，但教会又将它视为亚当犯罪的遗孽，视为每个个人的罪恶，从而缓解了它，使它更易忍受。教会培养了人的罪恶感，同时也坚定了个人的信心，使人相信教会对其子民的无条件的爱，并提供了一条使人相信其罪已得恕，仍为上帝所爱的途径。人对上帝更多的是信心与爱，而非怀疑与恐惧。正如农民和城里人很少走出属于自己的那一小块地盘，宇宙也是有限的，很容易理解。地球和人是其中心，天堂或

---

① 我们所说的与“资本主义社会”相对的“封建社会”和“中世纪的精神”是理想类型意义上的。当然，实际上中世纪并非突然结束，现代社会也并非一下子就出现了。现代社会的所有经济和社会力量早在 12 ～ 14 世纪的封建社会里就发展起来了。中世纪晚期，资本的作用日渐强大，城镇里阶级间的对立也日益加剧。历史总是如此，即新社会制度的所有要素都是在它所取代的旧社会制度中发展起来的。弄清楚有多少现代因素存在于中世纪晚期，以及有多少封建因素继续存在于现代社会是很重要的，但如果为了强调连续性，而有意淡化封建社会与现代社会的本质区别，或认为“封建社会”和“资本主义社会”之类的概念不科学而加以拒绝，便会阻碍我们对社会进程的所有理论认识。这些以科学的客观性和准确性为幌子的企图，实际上是把社会研究变成了无穷无尽的资料搜集，势必妨碍人们对社会结构及其动态性的认识。

地狱是来世的归宿，显然，人的活动始终是因果相连的。

虽然社会是这样构造的，也给人安全感，但它束缚了人。它是一种有别于后来的权威主义和压迫的束缚。中世纪并未剥夺个人的自由，因为“个人”尚不存在；人仍借始发纽带与世界相连。惟一使他认识到自己是个“个人”的途径便是他的社会角色（即其天然角色）。他也未视其他人为“个人”。到城里来的农民是陌生人，甚至城里不同社会群体之间的成员，也都彼此视对方为陌生人。个人自我意识、他人意识及世界意识尚未得到充分发展，尚未意识到三者是独立的实体。

雅各布·布尔克哈特对中世纪文化的描述是体现中世纪缺乏个人自我意识的经典之作：

> 在中世纪，人类意识的两个方面——内心自省和外界观察都一样——一直是在一层共同的纱幕之下，处于半梦半醒状态。这层纱幕是由信仰、幻想和幼稚的偏见织成的，透过它向外看，世界和历史都呈现出一种奇怪的色彩，人只是作为一个种族、民族、党派、家族或社团的一员——只是通过某些一般的范畴，而意识到自己。①

中世纪晚期，社会结构和人格发生了变化。中世纪的一体化和集中逐渐减弱。资本、个人经济动机及竞争日趋重要，一个新的有产阶级发展壮大起来。社会各阶级中日渐强盛的个人主义引人注目，它影响了人类行为的方方面面，影响了人的爱好、时尚、艺术、哲学和神学。这里我想强调的是，这整个过程的含义是不同的。对少数成功富有的资本家

---

① 参见雅各布·布尔克哈特《意大利文艺复兴时期的文化》，1921 年版。

是一种，对广大农民，尤其那些城市中产阶级，又是另一种。对后者而言，这种新发展意味着某种程度的财富和个人能动性机会的增加，但它基本上是一种对传统生活模式的威胁。始终牢记这一差别是非常重要的，因为正是它决定了形形色色社会群体的不同的心理和意识形态反应。

与中西欧相比，意大利发生的新经济及文化发展更为强烈，对哲学、艺术乃至整个生活方式都产生了极其深远的影响。在意大利，个人破天荒地从封建社会中脱胎而出，并割断了保护其安全而又限制他的那些纽带。用布尔克哈特的话来说就是，意大利的文艺复兴便是“现代欧洲的长子”，是第一个“个人”。

意大利的中世纪社会比中西欧瓦解得早，是有一些经济和政治原因的。其中有，意大利的地理位置及由此而来的商业上的便利，地中海在很长时期内是欧洲的最大商路。还有罗马教皇同神圣罗马帝国皇帝之间的斗争使大量政治团体独立存在；再有，它靠近东方，一些对工业发展至关重要的技术，如丝织业都是最先传入意大利，然后再传到欧洲的其他各地的。

在这些及其他因素的共同作用下，一个强大的有产阶级便在意大利兴起了，其成员富有开拓精神，他们权势大、有抱负。封建等级制的重要性渐弱。从 12 世纪起，贵族和市民便同住在城内。人们在社会交往中开始忽略等级差别。财富比门第出身更重要了。

另一方面，群众中的传统社会构成也动摇了。取而代之的是广大的经济上受剥削、政治上受压迫的工人。正如布尔克哈特所指出的那样，早在 1231 年，弗雷德里克二世的政治措施便“意在彻底摧毁封建政权，把人民变成无意志，无抵抗能力，但极利于国库收入的乌合之众。”①

① 参见布尔克哈特前引书，第 5 页。

这种对中世纪社会结构进步性摧毁的结果，便是现代意义上的个人的诞生。再用布尔克哈特的话说，便是“在意大利，这层纱幕（信仰、幻想和无知偏见的纱幕）最先烟消云散；**客观**对待并考虑国家及世间万物成为可能。同时，**主观**方面也相应强调主张自己的权利；人成了精神的**个体**，并这样认识自己。希腊人曾同样地把自己与野蛮人区别开来，而在其他亚洲人只是意识到自己是一个种族的成员时，阿拉伯人已经感到自己是一个个人了。”①布尔克哈特对这种新的个人精神的描述印证了我们上一章所说的个人从始发纽带中脱颖而出。人发现自己及他人是个人，是独立的实体；他发现大自然与他有两方面的不同：它是人在理论和实践上要主宰的对象；它的美又使它成为人们体验快乐的对象。人在实践上发现了新大陆，在精神上则发展了大同精神，一种如但丁所说的“吾乡即是全世界”②

---

① 参见布尔克哈特前引书，第 129 页。

② 有些人肯定并阐发了布尔克哈特的主要论点，有些人则排斥这种观点。W. 狄尔泰的研究（“文艺复兴到宗教改革以来的世界观及其分析”，载于《W. 狄尔泰全集》(1914 年版）。及 E. 卡西雷尔的《文艺复兴哲学里的个人与宇宙》也多少如此。另一方面，布尔克哈特受到他人的猛烈攻击。J. 赫伊津哈指出（《文化史里程的文艺复兴问题》，1930 年版，第 89 页，亦见其《中世纪的衰落》1924 年版）：布尔克哈特低估了中世纪晚期意大利与其他国家民众生活的相似程度；他认为文艺复兴始于公元 1400 年左右，而他的论证材料却是 15 或 16 世纪初期的；他低估了文艺复兴的基督教特征，而高估了其中的异教因素；他认为个人主义是文艺复兴文化的主题特征，而实际上它只是众多特征中的一个；中世纪缺乏个性的程度并非如布尔克哈特所说的那样，因此，他拿中世纪与文艺复兴相对比的做法是错误的；文艺复兴同中世纪一样效忠于权威；中世纪的世界并非敌视世俗的欢乐，文艺复兴也并非像布尔克哈特所说的那样乐观；文艺复兴只孕育了有关现代人态度的种子，即他追求个人成功和发展个性的冲动；早在 13 世纪，抒情诗人已发展起了心之高贵的观念，而在另一方面，文艺复兴并未与中世纪的个人忠诚观念及服务于社会等级比自己高的人的观念决裂。

不过，我认为，即便这些异议在细节上是正确的，也无法抹煞布尔克哈特的主要论点。赫伊津哈实际上遵循了这个原则：布尔克哈特错了，(转下页注)

的精神。人借此发现了世界。

文艺复兴只是有权势的富裕上层阶级的文化，他们是新的经济力量风暴上的浪尖人物。广大民众没有分享统治集团的财富与权力，他们失去了原有的安全感，成为一群乌合之众。当权者或向他们谄媚，或威逼利诱他们，但却总是操纵并剥削他们。一种新的专制主义随着新的个人主义同时产生。自由与僭政，个性与混乱相互交织，不可分割。文艺复兴不是小店主和小布尔乔亚的文化，而是一种富有的贵族和市民（burghers）的文化。他们的经济活动和财富给他们一种自由感，还有一种个性感。但恰恰是这些人又同时失去了一些东西，即中世纪社会结构提供的安全感和归属感。他们更加自由，但也更加孤独。他们利用权力和财富，遍寻生活的快乐；但是，为达此目的，他们残忍地用尽从肉体折磨到精神摧残的各种手段，以便统治广大群众，遏制本阶级内部的竞争对手。所有的人际关系都受到了这场争夺权力和财富的生死之战的毒害。同胞间的认同感，或至少与本阶级成员间的认同感不复存在，取而代之的是冷嘲热讽式的分离；他人成了利用和操纵的“对象”，如有必要，则残忍地予以消灭。个人陷入强烈的自我中心里，贪求权力和财富，永无止境。所有这些的一个结果，便是

（接上页注）因为他所说的文艺复兴的部分现象在中世纪晚期的中西欧便已存在了，而其他现象则是在文艺复兴末期后才出现的。这与反对对比性地使用中世纪封建与现代资本主义社会概念的论点如出一辙；对上述争论所说的一切，也同样适合于对布尔克哈特的批评。布尔克哈特认识到了中世纪与现代文化的本质不同，他可能过分地把“文艺复兴”和“中世纪”当作理想类型来使用，并把量的区别说成质的区别；但我认为他的目光是敏锐的，他清楚地认识到欧洲历史进程中那些由量变到质变趋势的特定性和动力。就这整个问题，亦可参见 C.E. 特林克豪斯的精彩研究：《逆境中的贵族》，纽约哥伦比亚大学出版社，1940 年版。他通过分析意大利人文主义者对生活中幸福问题的看法，对布尔克哈特的著作做了建设性的批判。关于本书讨论的问题，他所说的日益加剧的自我进步斗争带来的不安全感、顺从及绝望，与本书关系尤为密切。

成功的个人与自我的关系、他的安全感和信心均受到毒害。其自我也同他人一样，成了他的操纵对象。我们有理由怀疑文艺复兴时的资本主义权贵们是否如人们常描绘的那样幸福与安全。新自由给他们带来的两件事：力量感剧增，同时孤独、怀疑、疑惑[①]也与日俱增，并滋生了焦虑。我们发现，人文主义者的哲学著作里也包含着同样的矛盾。他们的哲学在强调人的尊严、个性及力量的同时，也表现了不安全和绝望感。[②]潜在的不安全感源于个人在一个敌对世界里的孤立状态。它可以解释如布尔克哈特所指出的文艺复兴时期特有的疯狂追逐名声的个人性格特征之起源，[③]这种现象不会发生在中世纪社会结构的成员中，或至少不会那么强烈。如果生命的意义有了疑问，如果与他人及自己的关系不再提供安全，那么名声便是消除疑问的一种方式。它与埃及人的金字塔及基督徒的永生信仰有相同的功能：它把个人的生命从受束缚和不稳定的状态提升到坚不可摧的状态。如果同代人知道自己的名字，并有希望流芳千古，那么，借他人的价值判断反映，他的生命便有了意义。很显然，只有那些真正有办法获得名声的社会群体的成员，才有可能这么消除个人的不安全感。那些与他们同文化的无权民众和宗教改革运动的中坚力量暨城市中产阶级则没有这种可能。

我们从讨论文艺复兴入手的原因在于该时期是现代个人主义的开始，还在于历史学家对这一时期的研究对本书分析的主要进程，即人从前个体存在状态中脱离出来，成为一个充分意识到自己是一个独立实体的人，提供了很多有重要价值的素材。文艺复兴时的思想并非对欧洲思想的进一步

---

① 参见 J. 赫伊津哈：《文化史里程的文艺复兴问题》，1930 年版，第 159 页。

② 参见狄尔泰对皮特拉克的分析（同上书，第 19 页及以下）；特林克豪斯《逆境中的贵族》。

③ 参见布尔克哈特前引书，第 139 页。

发展没有影响，这是一个事实。但是，现代资本主义的根基、经济结构及其精神，并不在中世纪晚期的意大利文化中，而在中西欧的经济社会形势及路德、加尔文的教义中。

文艺复兴和宗教改革这两种文化的主要区别在于：文艺复兴时期代表的是一种工商业资本主义发展阶段相对较高的文化；它是一种由少数富有权贵统治的社会，是哲人和艺术家产生的社会基础，后者表达的是这种文化精神。另一方面，宗教改革基本上是一场城市中下层阶级和农民的宗教运动。德国也有自己的富商，像富格尔家族，但他们并非新教义所吸引的对象，更非现代资本主义赖以发展的主要基础。正如马克斯·韦伯所言，西方世界现代资本主义发展的中坚是城市中产阶级。① 由于这两个运动的社会背景几乎完全不同，文艺复兴的精神与宗教改革的精神不同当在意料之中。② 在探讨路德和加尔文的神学时，其间的一些差别亦是显而易见的。我们将集中注意力探讨个人摆脱束缚是如何影响了城市中产阶级的性格结构问题；我们欲说明，新教和加尔文主义在表达一种新自由感的同时，也开始逃避自由之累。

我们将首先探究 16 世纪开始时欧洲，尤其是中欧的经济社会形势，然后再分析这种形势对生活在这个时代的人们的人格有何影响，路德与加尔文的理论与这些心理因素的关系如何，这些新宗教理论与资本主义精神的关系又如何。③

---

① 参见马克斯·韦伯《新教伦理与资本主义精神》，1930 年版，第 65 页。

② 参见恩斯特·特勒尔奇“文艺复兴与宗教改革”，载于《全集》第 4 卷，1923 年版。

③ 对中世纪晚期经济史及宗教改革时代的介绍主要基于下述材料：

兰普雷希特《论对 14 世纪到 16 世纪德国经济和社会变化的理解》，1893 年版。

（转下页注）

中世纪社会的城市经济组织相对比较固定。手工艺人从中世纪后半期起就组成了行会。每个师傅有一到两位学徒，师傅的人数与社区需要有某种关系。虽然总是有人拼命劳动以维持生存，但总的来说，行会会员不用担心，他们可以通过自己的手工劳动生存下来。如果他做出了优质的椅子、鞋子、面包、马鞍等等，便有足够保障让他按传统社会地位的生活标准安稳度日。他可以依靠自己的“善功”，这里指的并非神学意义上的，而是纯粹经济意义上的。行会防止了会员间的强大竞争。在原材料的购买、生产技术及产品价格方面强化合作。有些史学家反对美化行会制度及整个中世纪生活的倾向，他们指出，行会总混有一种垄断精神，它试图保护小群体，排斥新人。但是，大多数史学家认为，即使不将行会理想化，它们也仍以相互合作为基础，并给其成员一定的安全感。①

中世纪的商业，正像松巴特所指出的，总的来说是由一群小商人经营的。零售与批发尚未分开，即便那些出国做生意的商人，如“北德汉萨同盟”的成员，做的也是零售生意。直到 15 世纪末，资金的积累仍非常缓

（接上页注）埃伦贝格《富格尔时代》，1896 年版。

松巴特《现代资本主义》，1921 年版，1928 年版。

V. 贝洛《经济史问题》，1920 年版。

库利舍《中世纪及近现代经济通史》，1928 年版。

安德里亚斯《宗教改革之前的德国》，1932 年版。

韦伯《新教伦理与资本主义精神》，1930 年版。

夏皮罗《社会改革与宗教改革》，1909 年版。

帕斯卡尔《德国宗教改革的社会基础——马丁·路德及其时代》，1933 年版。

托尼《宗教与资本主义的兴起》，1926 年版。

布伦塔诺《历史上的经济行为人》，1923 年版。

克劳斯《经院主义、清教主义及资本主义》，1930 年版。

① 参见库利舍前引书，第 192 页及其以下。

慢。与中世纪晚期日益显著的大资本和垄断商业的经济形势相比，小商人的安全感较大。托尼教授在谈到中世纪的城市生活时说："现在大都是机械化，而那时却是个体手工操作，人们之间关系密切，还没有不适合于个体生产的大规模社会组织，也没有打消顾忌，一切以经济便利为终极标准的学说。"①

这将我们引到这样一个问题，即天主教教义和世俗法律的**经济活动伦理观**。它对我们理解和认识中世纪社会中的个人地位至关重要。由于托尼并无把中世纪世界理想化或浪漫化的倾向，所以我们仍引用他的话来说明这一点，关于经济生活有两个基本假设："经济利益从属于现实的日常生活，它本身就是得救；经济行为是个人行为的一方面，同其他方面一样受道德规范的约束。"

托尼接着历数了中世纪社会的经济行为伦理观："物质富裕是必不可少的；但却是次要的，因为没有财富人便无法养活自己，更无法帮助他人……但经济动机是大受怀疑的。经济动机是强烈的欲望，人们恐惧它，但亦非认为它卑贱至极，不值得喝彩。……中世纪的经济行为理论无不带有道德目的，中世纪思想家也不会建立一门社会科学，即认为追求经济利益的欲望同其他自然力量一样是一种恒常的定量，是不可避免的、不言而喻的事实。他们认为，建立这样的社会科学，就像为好斗及性本能之类的自然冲动寻找获得无限满足的哲学依据一样，是不合理、不道德的。……正如圣安东尼所说，财富为人而存在，而非人为财富而存在。……因此，人们处处受到限制、约束、警告，不准经济利益干预严肃的事情。人为维持合乎自己社会地位的生计所需而追求财富是正当的。超过限度便不再是

① 参见托尼前引书，第28页。

冒险，而是贪婪，而贪婪是不可饶恕的死罪。贸易是合法的；不同国家的资源不同表明此乃天佑。但它是一项危险的事务。人必须确信自己出于公共利益而为之，所获利润也不过是自己的劳动报酬。至少在一个堕落的世界中，私有制是一种必要的制度。财产私有时人们劳动多而纷争少，财产公有时则相反。但这只能是对人的弱点的一种让步，而不意味着其本身是可取的。要是人性能达到这一境界的话，共产主义仍是最高理想。格拉提安在他的《教令集》中写道：'事实上，社会团体利用这个世界上所存在的一切，来使整个人类充分地承担起责任。'获取财富确实受到许多限制。财产的获得必须合法。它必须由尽可能多的人掌握，必须用来接济穷人，必须尽可能地为公共利益服务。财产的主人必须随时准备与需要的人分享，即使这些人实际上并不贫穷。"①

虽然这些观念表达的只是常态，并不能准确无误地反映现实的经济生活状况，但却在某种程度上反映了中世纪社会的真实精神风貌。

中世纪城市的特点是手工工匠和商人的社会地位相对稳定。中世纪晚期，这个特点逐渐减弱，到16世纪则完全不复存在。早在14世纪甚至更早时期，行会内部便开始急剧分化，尽管行会竭力阻止，分化仍在继续。有些行会成员的资本更为雄厚，他们雇用五六名工匠，而不是一二名。不久，有些行会便只接纳拥有一定数量资本的人。另一些行会则成为强大的垄断组织，它们企图利用自己的垄断地位最大限度地谋利，并竭力剥削消费者。另一方面，许多行会成员陷入贫穷，不得不试着在传统职业之外挣钱谋生；他们常常成为小商人。他们中的许多人丧失了经济上的独立和安全感，但却依旧绝望地恪守着传统的经济独立理想。②

---

① 参见托尼前引书，第31页及其以下。

② 参见兰普雷希特前引书，第207页；安德里亚斯前引书，第303页。

与行会制度的这种发展密切相关，雇工的处境每况愈下。早在 13 世纪甚至更早些时候，意大利和佛兰德的工业中便诞生了一个对现实不满的工人阶级，与此相比，手工行会中雇工的处境仍比较安全。尽管并非每个雇工都能成为师傅，但许多人确实如此。随着一位师傅招收学徒的人数越来越多，想要成为一位师傅所需的资本也相应增大了，行会的垄断与排他性也越来越明显，而学徒成为师傅的机会也越来越少了。他们的经济及社会状况不断恶化，他们对现实越来越不满，便建立自己的组织，实行罢工甚至采取暴力行动。

在**商业方面**，上述手工行会日益向资本主义方向发展的现象更明显。中世纪的商业本来主要是一种城镇间的小买卖，但全国性的和国际性的商业在 14 至 15 世纪迅速发展起来了。虽然历史学家对大商业集团开始发展的时间说法不一，但他们确实一致认为大商业集团的势力，在 14 和 15 世纪越来越大，并形成垄断。他们依靠资本优势威胁小商人和消费者。15 世纪西吉斯蒙德皇帝的改革便是试图用立法来限制垄断集团的权力。但小商人的地位越来越不安全；他“有力量鸣不平，但却无力采取有效的行动。”①

路德在 1524 年出版的小册子《论贸易与高利贷》中，②深情地表达了小商人对垄断的愤慨与不满，“他们控制了所有的商品，还在光天化日之下玩弄各种阴谋；他们随意抬价、压价，压迫并摧毁所有的小商人，玩弄他们于股掌之间，仿佛他是凌驾于上帝造物之上的主人，不受任何信仰和爱的法律的约束。”路德的这些话本应写在现在。15 至 16 世纪的中产阶级对财富垄断者的恐惧与愤怒，在许多方面类似于今天中产阶级对垄断集团

① 参见夏皮罗前引书，第 59 页。

② 参见马丁·路德的著作第 4 卷，第 34 页。

及权势资本家的态度。

资本在**工业**中的作用也日益增强。采矿业是一个著名的例子。矿业行会每个成员的股份最初是根据他劳动的多寡来分配的。但到了15世纪，在许多情况下，不参与劳动的资本家也拥有股份。工作渐渐由工人来做，他们领取工资，但并非股东。其他工业部门也出现了同样的资本主义发展趋势。行会和商业中资本地位的日渐提高导致下述倾向：贫富分化加剧、贫困阶级日益不满于社会现实。

历史学家对农民的处境看法不一。不过，夏皮罗的下述分析，似乎已被大多数历史学家的发现所证实。“尽管有许多证据表明社会繁荣昌盛，但农民的处境迅速恶化。16世纪初，耕种土地的人已不再是独立的土地所有者，地方议会中也不再有代表农民的议员了，而这些却是中世纪阶级独立和平等的象征。绝大多数农民沦为佃农，他们有人身自由，但他们耕作的土地却是他人的，必须按照协议服役纳租。……佃农是农民暴动的中坚力量。这个生活在紧挨领主阶级的半独立团体的中农阶级越来越意识到，租税与劳役的增加实际上正将他们变为农奴，乡村的公地也成为领庄庄园的一部分。”①

随着资本主义经济的发展，**心理状态**也发生显著变化，中世纪来，人们普遍觉得生活缺乏安定感。现代意义上的时间概念开始发展起来。每一分钟也变得有价值了。这种新时间概念的一个重要标志是，从16世纪起，纽伦堡的钟每隔一刻钟便敲一次。② 太多的节日似乎成了不幸。时间是如此的宝贵，以至于人们认为不能把时间白白浪费在无用的地方。劳动日渐成为最有价值的事。新的劳动观形成了，其势头如此强劲，以至于中产阶

① 参见夏皮罗前引书，第54、55页。

② 参见兰普雷希特前引书，第200页。

级对教会机构不从事经济生产极为愤怒。人们憎恶乞丐，认为他们不从事生产是不道德的。

效率观念成为一种最高尚的美德。同时，追求财富和物质上的成功成为压倒一切的嗜好。传教士马丁·布策说："整个世界都在追逐那些能获取最大利润的贸易与职业。艺术与科学研究被弃置一旁，成了最卑贱的职业。上帝造就了那些聪明人，为的是让他们从事高尚的研究，可他们却都沉溺于商业。如今的商业充满了欺诈，体面的人应对此不屑一顾。"①

我们所讲的经济变革的一个显明的后果便是它影响了每个人。中世纪的社会制度及它所带来的稳定与相对安全均被破坏。现在，随着资本主义的开始，社会各阶级都开始动起来。人在经济秩序中天经地义、无庸置疑的固定位置不复存在。**个人陷入孤立；任何事情都要依赖自己的努力，而非他的传统社会地位的安全保护。**

但是，每个阶级受这种发展影响的方式又不同。对城市贫民、工人和学徒而言，它意味着所受的剥削日益加重，他们的生活日益贫困。对农民而言，它也意味着经济及个人压力不断加大。低级贵族面临着灭亡，尽管方式不同。新发展对这些阶级基本上是由好变坏，而对城市中产阶级来说，情况则要复杂得多。我们已说过中产阶级内部的急剧分化。其中的大部分人的处境急剧恶化。许多工匠和小商人不得不面对力量强大的垄断者和其他资本更雄厚的竞争者，并越来越难以保持独立。他们要常常与难以抗拒的强大势力做斗争，在大多数时候还是毫无任何希望的垂死争斗。另一部分中产阶级比较如意，他们赶上了上升时期的资本主义发展潮流。但

---

① 参见夏皮罗前引书，第21、22页。

即便是这些幸运儿，他们个人在日益强大的**资本、市场**及**竞争**作用下，也变得缺乏安全感、孤立而又焦虑。

资本决定性地位的获得，意味着一种超人的力量在控制着人们的经济和人们的自身命运。资本“已不再是奴仆，而成为主人。它一旦获得了某种独立自存的活力，便要求其作为主要合伙者的权利，并按照其自身的规律来统治经济组织。”①

市场的新功能的影响也相似。中世纪的市场相对较小，其功能也比较容易认识。它使供求关系直接而具体。生产者大约知道要生产多少产品，也能较容易地保证以适当的价格卖掉自己的产品。而今，面对不断扩大的市场，生产者事先也无法估计销售的情况。因此，仅仅生产有用的商品是不够的。虽然这是卖掉它们的一个条件，但产品能否卖掉，并以什么价格卖掉，却决定于变幻莫测的市场规律。新市场的机制有点像加尔文的预定学说，它教导个人必须竭力向善，但又声称甚至在他出生前，他能得救与否便已注定了。集市日便成了对人的劳动产品的审判日。

对人产生影响的另一个重要因素便是竞争的加剧。虽然中世纪社会肯定不完全没有竞争，但封建经济制度是建立在相互合作的基础之上的，是受限制竞争的法则调节或管辖的。随着资本主义的兴起，这些中世纪的原则逐渐让位于个人冒险原则。每个个人都必须努力向前，碰碰运气。他被迫或浮或沉。没有他人同他一起冒险，他们成了竞争对象，他常常面临毁掉他们或被他们毁掉的抉择。②

---

① 参见托尼前引书，第 86 页。

② 竞争问题可参见 M. 米德的《原始民族中的合作与竞争》，纽约麦格劳—希尔图书公司，1937 年版；L.K. 弗兰克“竞争的代价”，载于《计划时代》杂志，第 6 卷，1940 年 11—12 月号。

资本、市场及个人竞争的作用在16世纪确实没有后来那么重要。但那时现代资本主义的所有决定性要素以及它们对个人的心理影响，均已存在。

我们描述的只是问题的一面，它还有另一面：资本主义解放了个人。它把人从集体制度的统治下解放出来，允许人自谋出路、自己去碰运气。人成了自己命运的主宰，他的命运便是冒险、便是获利。个人努力会使他成功，使他经济独立。金钱成了人最大的等价物，比出身门第更有力量。

资本主义的这一面在我们所讨论的早期只是刚刚开始发展，它对少数富有的资本家所产生的影响要大于对城市中产阶级的影响。然而，即便就那时它能达到的效率程度而言，它对人格的塑造也产生了重大影响。

如果我们要总结一下15和16世纪的社会和经济变化对个人产生的影响，可以归结如下：

我们发现，我们以前讨论过的自由的模棱两可的特点同样存在于这个时期。个人**摆脱了**经济及政治纽带的束缚。他在新制度中发挥积极独立的作用，获得了积极意义上的自由。但他同时摆脱了曾给他安全感和归属感的那些纽带。生活不再是一个以人为中心的封闭世界；世界已变得无边无际，同时又富有威胁性。由于人失去他在封闭社会里的固定位置，所以也找不到生活的意义所在。其结果便是他对自己及生活的目标产生怀疑。他受到强大的超人力量、资本及市场的威胁。每个人都成了潜在的竞争对手，他与同胞的关系也敌对和疏远起来；他自由了——也就是说，他孤立无助、备受各方威胁。由于没有文艺复兴时期资本家的财富和权力，又失掉了与人和宇宙的一体感，于是他被个人的微不足道感和无助感所淹没。天堂永远失去了，个人茕茕孑立、直面世界，仿佛一个陌生者置身于无边无际而又危险重重的世界里。新自由注定要产生一种深深的不安全、无能为力、怀疑、孤单与焦虑感。如果个人想成功，就必须设法缓和这些感觉。

（二）宗教改革时代

路德教派和**加尔文派**诞生于这个发展阶级。新宗教并非是富有的上层阶级，而是城市中产阶级、城市贫民及农民的宗教。它们之所以吸引了这些人群，是由于它们表达了这些人的新自由感及独立感，还有那种无能为力及焦虑感。但新的宗教教义并非仅仅清楚地表达了对经济秩序的变化所产生的感觉。它们借教义加强了这些感觉，并提出了化解对策，使个人能对付不堪忍受的不安全感。

在我们开始分析新的宗教教义的社会及心理意义之前，有必要就我们的研究方法略述几句，以便进一步加深对这个分析的认识。

在研究一种宗教或政治学说的心理意义时，我们必须首先牢记，心理分析并不意味着对所分析的学说的正确与否进行判断。这个问题只能根据问题本身的逻辑结构来解决。对某种学说或观点隐含的心理动机的分析，并不能代替对学说的真实性及其蕴含的价值的理性判断，虽然此类分析有助于人们更好地认识一种学说的真实含义，并进而影响人的价值判断。

对理论学说进行心理分析可以揭示使人意识到某些问题并向某些方向寻求答案的主观动机。任何一种思想，无论正确与否，如果不是肤浅地重复传统观点，就必定受思想者的主观需求及利益的驱动。有些利益因发现真理而得到深化，其他利益则因破坏它得到加强。但这两种情况，心理动机都是得出某些结论的重要诱因。我们还可以进一步说，不植根于人格里的强烈需求将不会影响人的行为及整个生活。

如果我们分析宗教或政治学说的心理意义，就必须区分两个问题，我们必须研究新学说创立者的性格结构，并尽量弄清其人格中的什么特质促成了这方面的特殊思想。具体说来，这意味着我们要分析如路德和加尔文的性格结构，找出他们人格中的哪些倾向使他们得出某些结论并形成某些学说。另一个问题是研究这种学说所吸引的社会群体的心理动机，而不是学说创立者的动机。任何一种学说或思想的影响取决于它所吸引的那些人性格结构中的心理需求程度大小。要是该思想答复了某些社会群体的强大心理需求，它将成为历史上的一种强大力量。

当然，这两个问题，即领袖的心理与信徒的心理，是密切相连的。如果他们为同样的思想所吸引，那么他们的性格结构在重要方面必定相似。领袖除诸如思想和行动方面的特殊才能外，他的性格特征通常更极端、更清晰地体现了其学说所吸引的那些人的特殊人格结构；他能够把信徒心理上感觉到的某些思想更清晰、更直接地表述出来。领袖的性格结构极为明显地体现了他的信徒所具有的某些人格特质。造成这种现象的原因在于以下两个因素之一，或两个因素的合力作用。第一，就塑造整个群体的人格的那些条件而言，领袖的社会地位是典型的；第二，领袖的特殊生长环境及个人的经历也会将这些特质发展到相当显著的程度，这些特质正是群体在其社会地位中形成的。

我们分析新教及加尔文派教义的心理意义时，并不讨论路德和加尔文的人格，而要探讨他们的理论所吸引的社会阶级的心理境况。在讨论路德的神学之前，我只想简单地提一下，作为一个人，路德是下文将描述的那种“权威主义性格”的典型代表。由于他是在父亲极为严厉的教养下成长起来的，孩提时代的他又缺乏爱与安全感，所以他的人格便不断受到对权威的矛盾心理的折磨。他憎恨权威，所以反抗权威，但同时又崇拜、服从它。他的一生总有两个权威存在，一个是他所反对的，一个是他所崇拜的。在青年时代，他既反抗又崇拜他的父亲及修道院里的长老们，后来则是罗马教皇及世俗君主们。他内心充满了极度的孤独、无能为力及邪恶感，但同时又有一种想统治的激情。他备受怀疑的折磨，这种情况只有强迫性格的人才会有。他还不断寻找某种能赋予他内在的安全感、将他从怀疑的折磨中解脱出来的东西。他恨别人，尤其下层社会里的“乌合之众”，他恨自己、恨生活。一种极度强烈的渴望被爱的冲动从所有这些憎恨中油然而生。他的整个身心充满了恐惧、疑虑，内心极为孤独。在这个个人基础上，他将成为具有相似心理态势的社会群体的领袖。

我们还有必要对下文的分析方法再做说明。任何对个人思想或某种意识形态的心理分析，其目的都在于认识这些思想或观念赖以生发的心理根源。此种分析的首要条件便是充分认识一种思想观念的逻辑脉络，以及其提出者自觉意识到想说些什么。然而，我们知道，一个即便主观上真诚的人，也经常会受到潜意识动机的驱使，它与个人确信的主观动机不同，他可能会使用一个逻辑含义确然的概念，然而在潜意识里，该概念又另有所指，异于这个“官方的正式”含义。不仅如此，我们知道，通过建构意识形态，或掩盖用理性抑制的口是心非的思想观念，他会试图调和自己情感里的矛盾冲突。我们已了解了潜意识因素的作用，这告诫我们对言辞须持怀疑态度，不能只按其表面价值定夺。

分析思想观念主要有两方面的任务：一是判定某一思想在一种意识形态体系整体中的分量；二是判定我们分析的是否有别于**真正**含义的理性化的思想。第一点的一个例子如下：在希特勒的意识形态中，强调《凡尔赛和约》的不公正性起了巨大的作用，而且他确实对这一和平条约恨之入骨。然而，如果我们分析他的整个政治意识形态，却发现强烈的权力欲与征服欲才是其基础，尽管他主观自觉地侧重于德国所受的不公正待遇，实际上这种想法在他的整个思想中微乎其微。本章我们对路德学说的分析，便是表明某种思想的主观自觉意图与其真正的心理含义之间不同的一个例证。

我们说路德与上帝的关系是建立在人的无能为力基础之上的臣服关系。他本人说这种臣服是自愿的，不是出于恐惧，而是出于爱。那么，从逻辑上讲，也可以说这并非臣服。然而，从心理角度分析路德的整个思想结构，这种爱或信仰实际上就是臣服。虽然他**自觉**地用自愿及爱等字眼来解释他对上帝的“臣服”，但实际上却是那种笼罩他的无能为力及罪恶感使他与上帝关系的性质变成臣服（正如受虐狂常常自觉地视受他人虐待为“爱”一样）。所以，从心理分析的角度来看，路德**所说的**不同于我们相信他**所指的**（尽管是潜意识里的），对观点提出异议，是没有多少道理的。我们确信，只有分析他的概念的心理含义，才能理解他理论体系里的某些矛盾。

在下文分析新教的学说时，我根据宗教教义在整个理论体系的前后关系中的含义阐释它。我不引用与路德或加尔文的某些学说相矛盾的句子，因为我认为其分量与含义并不足以构成真正的矛盾。但是，这么做并非削足适履，并非专挑合乎我的解释的特殊句子引用，相反，我的解释是建立在对路德和加尔文的整个思想体系的研究之上的，是建立在它的心理基础之上的，还遵循了从整个体系的心理结构的角度解释单个因素的原则。

如果我们想弄清楚宗教改革的教义里都有哪些新东西，就必须首先看一下中世纪教会神学的本质。[①] 在讨论这个问题时，我们又遇到方法论上的困难，在讨论“中世纪社会”及“资本主义社会”时也曾遇到同样困难。恰恰如其经济方面不可能从一种结构突然变成另一种结构一样，神学方面也不存在这种突变。路德和加尔文的某些教义与中世纪教会的教义非

① 我这里主要依据 R. 泽贝格的《教义史教科书》第 3 卷，1930 年版；第 4 卷，第 1 号，1933 年版；第 4 卷，第 2 号，1920 年版。还有 B. 巴特曼的《教义学教科书》，1911 年版。

常之相似，以至于有时很难看出它们之间有何本质不同。天主教会同新教及加尔文教派一样，总是否认单靠人自己的德行与善功便能得救的说法；认为上帝的恩典是得救不可或缺的一种方式。然而，尽管新旧神学之间存在着所有这些共同点，但天主教会的精神在本质上是异于宗教改革的精神的，尤其在人的尊严与自由以及人的行为对自己命运的影响这个问题上。

天主教神学在宗教改革以前的很长时间内，尊奉以下这些原则：人性尽管因亚当的罪恶而败坏，但天性还是向善的；人的意志自由向善；个人的努力是得救的辅助手段；教会的圣礼是建立在基督舍生救世的功德之上的，它可以使罪人获救。

然而，一些诸如奥古斯丁和托马斯·阿奎那之类最具代表性的神学家，尽管他们也坚持上述观点，但同时又宣扬一种精神大相径庭的更复杂的教义。但是，尽管阿奎那宣扬预定论，可强调意志自由一直也是他的基本教义之一。为了调和自由及预定论，他被迫建构了最复杂最深奥的理论。虽然这些建构并没有令人满意地解决矛盾冲突，然而他确实未在自由意志理论及人的努力面前退却，而是认为它是人得救的辅助，尽管意志本身需要上帝恩典的扶持。①

就意志自由问题，阿奎那说，如果认为人没有决定的自由，并说人甚至能自由拒绝上帝给他的恩典，那将违背上帝的本质及人性。②

其他神学家比阿奎那更强调人在得救中的努力作用。彼拿文都拉认为，赐恩典于人，本是上帝的旨意，但只有那些以善功做准备的人才能接

---

① 就后一点，他说："因此，被预定者必须尽力做善功并祈祷，因为通过这些方式预定会最确定无疑地实现……因此，人可以进一步深化完善预定，但他们不能阻止预定。"圣托马斯·阿奎那的《神学大全》，文字翻译：英国多明尼克教会修士，1929 年版，第 1 部分，问题第 23，第 8 条。

② 参见《反异教大全》第 3 卷，第 73、85、159 章。

受恩典。

13 至 15 世纪，强调人的努力奋斗继续出现在邓斯・司各脱、奥卡姆和比尔的神学体系中，而且分量不断加大。这是理解新的宗教改革尤其重要一个发展环节。因为路德攻击的矛头特别指向那些他所谓的“蠢猪般的神学家”的中世纪晚期的经院哲学家。

邓斯・司各脱强调意志的作用。意志是自由的。人借实现自已的意志实现了个体自我，这个自我实现是个人最重大的满足。因为意志是个体自我的一种行为，即使上帝也不会直接影响人的决定。

比尔和奥卡姆强调人自己的善功是他得救的一个条件，尽管他们也讲上帝的帮助，但却放弃了它在旧教义里的基本含义。①比尔认为人是自由的，总能转向上帝，上帝的恩典只是帮助。奥卡姆则认为人性并未完全为罪所毁坏；对人而言，原罪只是一个单独的行为，并未改变人的本质。特兰托宗教会议非常明确地宣布自由意志与上帝的恩典合作，但它也可以拒绝这个合作。②奥卡姆及其他晚期经院哲学家所描绘的人表明他不是可怜的罪人，而是自由存在物，其本性使他能够尽善尽美。他的意志是自由的，不受自然或其他任何外力的束缚。

中世纪后期，购买赎罪券的活动越来越猖獗，这是与日益强调人的意志及个人努力有助于得救是密不可分的。路德的主要攻击点之一便是赎罪券。人从教皇使节手里买了赎罪券后，便能免于世俗惩罚，而世俗惩罚被认为可以代替永罚。如泽贝格所言，人有十足的理由期望自己所有的罪得到赦免。③

---

① 参见泽贝格前引书，第 766 页。

② 参见巴特曼前引书，第 468 页。

③ 参见泽贝格前引书，第 624 页。

乍看起来，向教皇购买赎罪券以免除炼狱之罚的做法似乎与人的努力可以使自己得救的思想相矛盾。因为它意味着人的得救依靠的是教会权威及其圣礼。但是，这在某种程度上是正确的，它确实带有一种希望与安全的精神。如果人自己便能轻而易举地免受惩罚，那么沉重的罪恶感便会大大缓解。他会相对轻松地从过去的重负中解脱出来，排解困扰他的焦虑。此外，我们还不应忘记，根据教会明确或不明确的理论，赎罪券只有在购买者悔罪并忏悔的前提下才有作用。①

那些与宗教改革精神大相径庭的思想在神秘主义者著作、布道及忏悔细则中也有所体现。我们发现其中有一种肯定人的尊严及人有权表达完整自我的精神。与这种观点相表里，我们发现它们又宣扬一种早在 12 世纪便已广为流传的效仿基督的观念。他们还坚信人能像上帝那样，忏悔细则显示出对个人具体环境的特别理解，并承认主观上的个人差别的存在。它们并不认为罪恶使个人受到贬抑，而是将它视为人的弱点，应予理解尊重。②

概而言之：中世纪教会强调人的尊严、意志的自由以及人的努力有助于得救；它强调上帝与人之间的相似及人有权利相信自己能获得上帝的爱。由于人同上帝相似，所以他们认为大家平等、情同手足。中世纪末，

---

① 赎罪券的实践和理论似乎是对资本主义影响日渐强大的最好的说明。不仅人可以用金钱买得自由免受惩罚的思想体现了一种金钱万能的新观念，而且克雷芒六世在 1343 年提出的赎罪券理论也展示了一种新的资本主义思想精神。克雷芒六世说教皇的功库里有基督和圣徒积攒下的不计其数的善功，所以他可以将其中的某些部分分配给信徒（参见泽贝格前引书，第 321 页）。从中我们发现教皇成了一个拥有巨大道德资本的垄断者，并以此为自己谋取经济利益，为他的“顾客”谋取精神道德利益。

② C. 特林克豪斯使我留意神秘主义文学及布道文学的重要性，本段中的许多观点都是在他的启发帮助下形成的。

随着资本主义的兴起，困惑与不安全感滋生蔓延；但同时强调意志与人的努力之趋势越来越明显。可以说，文艺复兴哲学与中世纪末的天主教教义都反映了这样一些社会群体的精神面貌，他们优越的经济地位使他们产生了力量感和独立感。另一方面，路德的神学表达的是中产阶级的心声，他们与教会的权威做斗争，憎恶新的有产阶级，感觉到新兴的资本主义的威胁，被无能为力感及个人的微不足道感击败。

路德的理论体系与天主教传统有两点区别，新教国家通常只强调其中的一点。这一点指的是，路德赋予人在宗教事务中的独立性；他剥夺了教会的权威，将它转给个人；他的信仰及救赎概念是一种个人的主观体验，其中负全责的是个人，而绝对不是一个能给予他无法亲自得到的东西的权威。我们有很好的理由赞美路德和加尔文教义的这个方面，因为它们是现代社会政治和精神自由进步发展的一个源泉。这个进步发展，尤其在盎格鲁–撒克逊文化的国家中，是与清教思想休戚相关的。

现代自由的另一方面是它带给个人的孤立与无能为力。这个方面同自由的一面一样，也根源于新教。由于本书的主要目的在于讨论作为一种负担与危险的自由，所以下面的分析将只关注一个方面，重点强调路德和加尔文教义中导致自由负面效应的那一面，即二者都强调人根本上的邪恶及人的无能为力感。

路德认为，人性中有一种与生俱来的邪恶存在，它指导人的意志向恶，使人无法靠本性向善。人有一个邪恶刻毒的本性。路德整个思想体系的一个基本观点就是人性的败坏及其完全无法自由择善。在这种精神的指导下，他开始注释保罗的《罗马书》："这封信的本质是：要摧毁、根除、消灭所有血肉之躯中的智慧与正义，无论它在我们及他人眼里是多么卓著、多么真诚。……重要的是，现在我们眼前的我们的智慧与正义正受到毁坏，并从我们的心灵深处及虚无的自我中被连根拔掉。”[①]

坚信人的邪恶败坏，坚信人自己无法向善，是上帝赐予恩典的一个根本条件。人只有贬抑自己，只有摧毁个人的意志及骄傲，上帝的恩典才会降临到他身上。“上帝不想靠我们自己的，而是靠外在正义与智慧拯救我们。这种正义并非来自我们自己，也不是发生于我们自己之中，而是从别处来到我们这里。……也就是说，这种正义是外在的，完全是身外之物。”[②]

7年后路德在一本反对伊拉斯谟的自由意志论的《论意志的不自由》小册子中，更加激烈地表达了人无能为力的观点。“……因此，人的意志仿佛是介于上帝与魔鬼之间的野兽。如果上帝端坐其上，它便追随上帝的意志；如《诗篇》所言：‘我在你面前如同畜类一般，然而，我常与你同在。’(《诗篇》73，22，33）如果撒旦端坐其上，它便追随撒旦的意志。意志无法按照自己的意愿加以选择，它只是一匹马，受骑手的支配，决定权在骑手，而非马。”[③]路德宣称如果人们不愿意“完全放弃（自由意志）这一主题（这将是最安全最富宗教意味的），我们仍要善意告诫大家，我们只允许人利用‘自由意志’服务于比他地位低的人，同比他地位高的人做斗争，……敬神者是没有‘自由意志’的，而是上帝意志的俘虏，或撒旦意志的奴隶与仆人。”[④]人不过是上帝手中无力的工具，人基本上是邪恶的，其惟一职责便是唯上帝意志是从，上帝将以人难以理解的正义行动拯救人，这些理论不可能是像路德那样满怀绝望、焦虑和怀疑，而又迫切渴望

---

①② 参见马丁·路德《〈罗马书〉讲解》，第1章，第1节（由于无英译本，故由我自己翻译）。

③ 参见马丁·路德《论意志的不自由》，1931年版，第74页。

③ 参见马丁·路德《论意志的不自由》，1931年版，第79页，下文我们将看到，屈服于权贵，严厉统治社会地位低下的人，正是“权威主义性格”的典型二重性特征。

得到肯定的人想要的明确的人生答案。他终于找到了答案。1518 年，路德突然受到启示。人的善功不是他得救的基础，他甚至不能想自己的功是否会令上帝高兴。但是，如果他有信仰，他便可以肯定自己能够得救。信仰是由上帝赐予人的。人一旦有了确定无疑的主观信仰体验，便能确信自己的得救。人在这种与上帝的关系中基本上是受动的一方。人一旦在信仰的体验中接受了上帝的恩典，他的本性便发生了变化，因为他在信仰的行动中与基督连为一体，基督的义弥补了他自己因亚当的堕落而失去的义，然而，人的一生绝对不可能完全变得纯洁无瑕，因为其天性上的邪恶永远不能完全消失。①

乍看起来，路德把信仰理论作为一种个人得救的确定无疑的主观体验，似乎让人觉得与其人格里的强烈怀疑情感及其在 1518 年前的说教成尖锐冲突之势。然而，从心理角度来看，这种由怀疑到肯定的改变，绝对不矛盾，且有必然的因果关系。我们必须牢记已讨论过的这种怀疑的性质：它并非植根于自由思考和敢于质疑既定观点的理性怀疑，而是源于个人的孤立和无能为力感的非理性怀疑，他对世界满怀焦虑，满怀仇恨。理性答案永远不能治愈这个非理性怀疑。只有在个人成为富有意义的世界的不可分割的一部分时，它才会消失。否则，如路德及其所代表的中产阶级那样，怀疑只能被压制下去，悄无声息地转入地下，也就是说，某些提供绝对肯定的模式可以达此目的。正如我们所发现的，路德**强迫性地渴求肯定并非真信仰的表现，是根源于征服无法忍受的怀疑的需求**。路德的对策正是今天许多人所使用的方法，只是他们不用神学术语思考而已，即通过消灭孤立的个体自我，通过使个人成为一种个人之外的握有生杀大权的人

① 《关于双重约定的讲道》(《路德著作》第 2 卷)。

手中的工具，来寻找肯定。对路德而言，这一权力便是上帝，他无条件地服从他以求得肯定。但是，尽管他在某种程度上不断成功地压抑了其怀疑，可从未真正将它除掉过。真到生命最后一天，他仍在受着怀疑的折磨，不得不努力强化对外界权威的屈服以便克服疑虑。从心理角度讲，信仰有两种完全不同的含义：它可能是内心与人类相连并肯定生命的表示；也可能是对那种根本的个人怀疑情绪的一种反应构成，这种怀疑情绪植根于个人的孤立与对生活的消极态度中。路德的信仰便具有那种补充特性。

了解怀疑的意义及平息怀疑的企图尤为重要，因为这不仅仅是一个事关路德的以及下面所讨论的加尔文的神学问题，而且是现代人的基本问题之一。怀疑是现代哲学的起点；平息怀疑的需求是现代哲学及科学发展的最强大刺激。但是，虽然理性回答解决了许多理性怀疑，可非理性怀疑却没有消失，只要人还未从消极被动的自由进步到积极主动的自由，它便不可能消失。平息怀疑的现代企图，无论是强制性地奋斗以渴求成功，还是坚信有关事物的无限知识可以回答对肯定的渴望，抑或臣服于一个负有“肯定”责任的领袖，这些方案都只能消除对怀疑的**主观意识**。在人未克服自己的孤立，并从人的需求角度使自己在世界中的地位富有意义之前，怀疑本身是无法消失的。

路德的教义同中世纪末除富人和权贵外的所有人的心理境况有何联系？我们已经看到，旧的社会正在瓦解。个人丧失了肯定无疑的安全感，并受到新经济力量、资本家及垄断势力的威胁；竞争取代了合作原则；较低层阶级受剥削的压力日渐增大。路德教对较低层阶级的引力与它对中产阶级引力的含义是不同的。城市贫民甚至农民的处境极其险恶。他们受到残酷的剥削，被剥夺了传统的权利和特权。他们有革命情绪，农民暴动和城市的革命运动便是体现。福音道出了他们的希望和期待，正如它曾给早期基督教时代的奴隶与劳工带来希望一样。福音引导穷人寻找自由和公正。只要路德抨击权威并把福音之道作为其教义的中心，他便能同先前的其他具有福音特征的宗教运动那样吸引这些桀骜不驯的民众。

虽然路德接受了他们的效忠并支持了他们，但只能在一定的限度之内。一旦农民走得更远，超出仅仅抨击教会的权威，并仅仅要求稍微改善一下他们的命运这个限度，路德便毁约弃盟。他们成为一个革命阶级，扬言要推翻所有权威，并欲摧毁中产阶级是最大受益者的那种社会等级结构的基础。因为，尽管我们已说过中产阶级面临着很多困难，可既得利益使得他们，即便那些较低层的中产阶级成员也必然要反对穷人的要求。穷人革命运动的目的不但要摧毁贵族、教会及垄断者的特权，而且还要摧毁中产阶级的特权。所以，他们非常仇视穷人的革命运动。

中产阶级居于巨富与赤贫之间，这种位置使他们的反应非常复杂，而且有很多自相矛盾之处，他们想维护法律与秩序，但他们自己又是受新兴资本主义威胁最大的阶级。即使中产阶级中较成功的人也不如那一小撮大资本家那么富有，那么有权势。他们必须奋力拼搏以确保生存，确保进步。有产阶级的奢侈加剧了他们的渺小感，使他们满怀妒忌与愤怒。总的说来，中产阶级所受的帮助要远远小于他们所受到的因封建秩序的崩溃及资本主义的崛起而带来的威胁。

路德对人的看法正反映了这种窘境。**人摆脱**了束缚他的所有精神权威，获得了自由。但恰恰是这个自由使他孤独焦虑，使他为个人的微不足道及无能为力感所淹没。这个自由而孤立的个人被他个人的微不足道的体验所击溃。路德的神学表达的就是这种无助与怀疑情感。路德用宗教术语描绘的人的景象刻画了当时社会及经济进化给个人带来的处境。

面对新经济力量，中产阶级的成员与路德所说的与上帝关系中的人一样无助。

但是，路德并不仅仅道出了他所传教的社会阶级的微不足道感，而且为他们提供了一个解决办法。个人不但接受自己的微不足道，而且最大限度地贬抑自己，要完全放弃个人意志、抛弃个人力量，惟有如此才能有希望为上帝接纳。路德与上帝完全是一种臣服关系。其信仰概念的意义用心理学上的话来讲便是：如果你彻底臣服，如果你接受你个人的微不足道，那么全能的上帝便有可能愿意爱你、救你。如果你彻底抹煞了个人自我连同其所有的缺点及怀疑，那么，你便摆脱了自己的那种微不足道感，便获得了自由，便能同享上帝的荣耀。因此，路德在将人从教会的权威中解放出来的同时，又使他们臣服于一个更加暴虐的权威——上帝，他要求人彻底臣服并消灭个人自我，以此作为人得救的根本条件。**路德的“信仰”就是坚信投降是被爱的先决条件，**它与个人完全臣服于国家和“领袖”的原则有很多相同之处。

路德的政治信念也体现出他既畏惧又热爱权威的特点。尽管他与教会权威做斗争，尽管他对新的有产阶级——其中有些是教阶制度的上层人物——满腔怒火，尽管他在一定限度内支持农民的革命倾向，但却竭力主张臣服于世俗权威、君主。“即便当权者恶贯满盈或毫无信仰，但是权威及其权力是善的，来自上帝……因此，只要有权力，有权力盛行，便有权威永存，因为它是上帝设立的。”① 他还说：“不管政府如何邪恶，上帝总喜欢让它存在，不管百姓的造反行动多么有理，上帝却不允许他们犯上作乱。……君主就是君主，无论他多么残暴。他必须处死一小撮人，因为要

① 参见《〈罗马书〉讲解》第13章，第1节。

成为一个统治者，他必须有臣民。”

路德仇恨并鄙视无权的民众，称他们为“暴民”，尤其在他们的革命企图超出一定限度时，这是他热爱又畏惧权威的另一面。他在一篇著名的文章里写道：“因此，无论谁只要力所能及，无论是暗地还是公开，都应该把他们戳碎、扼死、刺杀，要牢记叛乱是罪恶最大、危害最深或最穷凶极恶的勾当。就像必须打死疯狗一样，你不打它，它就要咬你和你所在的整个世界。”①

路德的人格及其教义表明了他对权威的矛盾态度。一方面，他惧怕权威——世俗权威和残暴的上帝；另一方面，他又反抗权威——教会权威。他对广大群众也是这种矛盾态度。只要他们的反抗不超出他限定的范围，他便站在广大群众这一边。但是，一旦他们反抗他所认可的权威，一股对群众的强烈仇恨和鄙视便油然而生。在逃避的心理机制一章中我们将表明这种同时具有的对权威的热爱与对无权者的仇恨正是“权威主义性格”的典型特征。

路德对世俗权威的态度与他的宗教教义有密切关系，弄清楚这一点是很重要的。为了使个人觉得自己的善功毫无价值、微不足道，为了使个人觉得自己是上帝手中毫无力量的工具，他剥夺了人的自信与尊严感，而后者恰恰是任何坚决反抗压迫人的世俗权威的基本前提。在历史的进化过程中，路德教义的影响仍非常深远。个人一旦失去了自豪感与尊严，他便要做好心理准备，准备失掉作为中世纪典型思想特征的那种情感，即人、人的精神得救及人的精神目标便是生命的目的。他得准备充当一个角色，其

---

① 《反对杀人越货的农民暴徒》，1525 年版，选自《马丁·路德的著作》，1931 年版，第 10 卷，第 4 部分，第 411 页。参见 H. 马库塞在《权威与家庭》中对路德的自由观的讨论，1926 年版。

中他的生命成为达到自身之外的目的的一种手段，成为经济生产和资本积累的工具。路德对经济问题的看法是典型的中世纪观点，比加尔文的看法更接近中世纪。他本应痛恨把人的生命当作实现经济目的的一种手段。但是，尽管他对经济事务的思想仍是传统的，可他强调个人毫无价值却与之矛盾，并为人不但要服从世俗权威，而且要使自己的生命服务于经济成功这个目的的进一步发展铺平了道路。今天，法西斯分子鼓吹生命的目的便是为“高级”权贵，为领袖或民族共同体而牺牲，便是这种趋势发展的巅峰。

加尔文的神学对盎格鲁–撒克逊文化国家的重要性，不亚于路德的神学对德国人的重要性，它的基本精神，包括神学和心理学两方面，亦与路德的相同。虽然他也反对教会的权威，反对盲目接受教会教义，但他也认为宗教植根于人的无能为力。他整个思想的**主题**便是自我贬抑与毁灭人的自尊，只有鄙视这个世界的人才会以毕生的精力为来世做准备。①

他教导我们应贬抑自己，而自我贬抑恰恰是信赖上帝力量的方式。“不信任我们自己以及因意识到我们的不幸而产生的焦虑，是激励我们把所有的自信和确信建立在对主的信赖之上的最好方式。”②

他宣扬个人不应觉得是自己的主人。“我们并不属于自己，所以我们的理性与意志都不能主宰我们的思想和行动；我们并不属于自己，所以，不要把追逐肉体之便利作为我们的目标；我们并不属于自己，因此，让我们尽可能地忘掉自己及属于我们的一切。相反，我们属于上帝，因此，让我们为上帝而生，为上帝而死。因为人如果只遵从自己，那将是毁灭人的最深重的瘟疫，所以无知无欲，完全听从上帝的引导，才是得救的惟一

---

① 参见约翰·加尔文《基督教要义》，1928 年版，第 3 卷，第 9 章，第 1 节。

② 同上书，第 3 卷，第 2 章，第 23 节。

寄托。”①

人不得为行善而行善，那只能是一场空：“因为古训说得好，人的灵魂中隐匿着一个邪恶的世界。否定你自己，蠲除一切私心杂念，全心全意地去追求上帝要求的那些事情，才是惟一的补救办法。之所以如此，惟一的理由就是上帝的要求，它们能使上帝高兴。”②

加尔文也否认善功能使人得救。我们完全缺乏善功：“在上帝严厉的审判面前，哪怕最虔敬之人的善功都是应受诅咒的。”③

如果我们试图理解加尔文理论体系的心理意义，从原则上讲，它与我们上面所说的路德的理论是一样的。加尔文传教的对象也是保守的中产阶级，是备感孤独与惊恐的人。他的教义表达了这些人的感情，即个人的微不足道及无能为力，个人努力的徒劳无益。然而，二者之间还是有些细微差别的。路德时代的德国总起来说处于一种动荡不安的状态。其中不但中

---

① 参见约翰·加尔文《基督教要义》，1928年版，第3卷，第7章，第1节。从“因为……”起是我自己从拉丁文原文翻译过来的，见约翰·加尔文《基督教要义》，1853年版，第1部分，第445页。我自己翻译的原因是，艾伦的翻译稍微改变了原意，削弱了加尔文思想的严厉程度。艾伦是这样翻译的“因为，放任自流（to follow one's own inclinations）是导致人毁灭的最有效方式，所以，不要依靠我们自己的知识或意识，而仅仅听从上帝的引导，才是惟一的安全方式。”然而，拉丁文“sibi ipsis obtemperant”并不等于“放任自流”，而是“遵从自己（to obey oneself）”。禁止放任自流有点康德伦理学的温和之嫌，即人应当压抑自己的天然嗜好，借此听从良心的命令。另一方面，禁止遵从自己则是否定人的自治。把“ita unicus est salutis portis nihil nec sapere，nec velle per se ipsum”译为“不要依靠我们自己的知识或意志”也体现了同样的细微差异。原文与启蒙哲学的座右铭“敢于求知”（sapere aude）呈直接对立之势，而艾伦的翻译则只是警告人不要依靠自己的知识，这与现代思想的对立极小。我提及与原文有出入的翻译是因为它们恰好证明了一个事实，即在翻译过程中，作者的思想被“现代化了”，被染了色，尽管可以肯定译者并非有意如此。

② 同上书，第3卷，第7章，第2节。

③ 同上书，第3卷，第14章，第11节。

产阶级，而且农民和城市贫民也都受到新兴的资本主义的威胁。日内瓦则相对繁荣。它在15世纪的上半个世纪里仍是欧洲的重要市场之一。虽然在加尔文时代这方面与里昂相比已相形见绌，①但它的经济仍保持繁荣。

总的来看，可以说加尔文的信徒主要来自保守的中产阶级，②也可以说他在法国、荷兰和英国的信徒不是先进的资本主义集团，而是手工工匠和小商人，虽然其中有些人早比其他人富有，但作为一个群体的成员，却仍受到资本主义崛起的威胁。③

加尔文的教义在这个社会阶级中引起的心理共鸣，同我们先前讨论过的路德的教义是一样的。它表达了自由感，但同时也表达了个人的微不足道和无能为力感。它提供了一个对策，即个人完全臣服和自我贬抑，以希求得新的安全。

加尔文和路德教义的一些细微差别与本书的主旨并无多大关系。只有其中的两点需要予以强调。一是加尔文的预定论。与奥古斯丁、阿奎那和路德的预定论相比，加尔文的预定论成了他整个理论体系的基础之一，也许是其中心教义。预定论在他那里呈现出新的内容，他认为上帝不但预定某些人得恩典，而且还决定其他人注定受永罚。④

得救或受罚并非人行善或作恶的任何结果，而是在人出生前就为上帝所预定好了的。上帝为什么选择一个而惩罚另一个则是个秘密，人不得对此刨根问底。他这么做是因为他喜欢用那种方式来体现他无穷的权能，尽管加尔文竭尽全力保持上帝的正义及爱的化身之形象，可他的上帝仍是十

---

① 参见J.库利舍前引书，第249页。

② 参见乔治娅·哈克尼斯《加尔文其人及其伦理》，1931年版，第151页及其以下

③ 参见博克瑙《封建世界观向资产阶级世界观的转变》，1934年版，第156页及其以下。

④ 参见加尔文前引书，第3卷，第21章，第5节。

足的僭主暴君，完全没有爱或正义可言。与《新约》相反，加尔文否认爱的至高地位，他还说："经院哲学家鼓吹的爱先于信仰和希望，纯粹是疯话……"①

预定论的心理意义是双重的：它表达并加强了个人的无能为力和微不足道感。没有哪种理论能比预定论更强烈地表达人的意志与努力的毫无价值。决定个人命运的完全不是自己，人也丝毫无法改变这个决定。他是上帝手里无能为力的工具。这个理论的另一个含义，同路德的一样，在于它能平息加尔文及其信徒和路德所共同具有的非理性怀疑。乍一看，预定论似乎加大了怀疑，而非平息了它。当个人得知他在生前就已被预先注定受永罚或得救时，难道他不会受更大的痛苦折磨吗？他怎么能肯定自己的命运是什么？尽管加尔文并未言明得选的确凿证据，但他和他的信徒却都坚信他们在得选者之列。他们通过与路德相同的自我贬抑机制获得了这种信念，这一点我们在讨论路德的理论时已做过分析。有了如此信念，预定论便意味着完全的确信不疑。人的任何行为都不能危及得救状态，因为人的得救不在于个人自己的行为，而是在生前就已被决定好了的。结果再次与路德一样，根本怀疑导致拼命追求绝对的确定性。尽管预定论赋予人这种确定性，然而怀疑仍然存在。人不得不反复用不断强化的疯狂信念来平息怀疑，即坚信自己所属的宗教团体代表的正是上帝选中的那部分人。

在此必须明确指出，加尔文的预定论有一个隐含的意义，因为它在纳粹的意识形态中严重地复活了。这便是人类基本上的不平等原则。加尔文认为，人分两类——得选的和注定受永罚的。由于这个命运在人生前就已决定了，人毕生无论怎样都断无更改的可能，所以，人的平等原则被否

① 参见加尔文前引书，第3卷，第2章，第41节。

定了。人生来就是不平等的。这个原则还意味着人与人之间没有共同的责任（solidarity），因为人类共同责任的一个最强劲的基础——人类命运的平等——被否定了。加尔文主义者非常天真地认为他们是选民，其他人都是上帝的弃民。很显然，这种信念在心理上体现了对他人的深刻的轻蔑与仇恨，实际上，他们也赋予上帝以同样的仇恨。在现代思想越来越主张人与人之间平等的同时，加尔文主义者的原则却没能完全销声匿迹。那种鼓吹人因种族的不同而基本上不平等的理论完全是同一原则的翻版。它们的心理意义也是相同的。

加尔文与路德教义的另外一个非常显著的差别是，它更强调道德努力的重要性和圣洁的生活。这并非在于任何个人的善功能**改变他自己的命运**，而恰恰在于他能够努力这个事实正是他跻身选民之列的标志之一。人应该获得的美德是：谦逊节制、正义——人人应得到他应得的正义，还有将人与神联系起来的虔敬。① 在加尔文主义后来的发展中，强调圣洁的生活和不断努力的重要性占据了上风，尤其是一个观念认为：作为这种努力的结果，世俗生活的成功便是得救的一个标志。②

加尔文主义的一个特点便是特别强调圣洁的生活，它也是有特殊心理意义的。加尔文主义强调人类不断努力的必要性。人必须不断按上帝之道生活，不能有丝毫松懈。这似乎与人的努力与人的得救没有任何关系的理论相矛盾。不做任何努力的宿命论态度似乎是更加恰当的反应。然而，某些心理的考察却表明并非如此。焦虑状态，无能为力感和微不足道感，尤其是对个人来世的怀疑，代表了一种任何人实际上都难以忍受的思想状

① 参见加尔文前引书，第 3 卷，第 7 章，第 3 节。

② 马克斯·韦伯尤其重视后一点，并在著作里把它视为连接加尔文教义与资本主义精神的重要纽带。

态。几乎没有一个受这种恐惧困扰的人能够放松自己、享受生活，并对来世漠不关心。一种可能逃避这种难以忍受的不确定状态，并麻痹自己的微不足道感的方式就是疯狂地活动、拼命地**做事**。这恰恰成为加尔文主义越来越显著的特征。这种意义上的活动具有强迫性质：**个人必须积极活动，以克服他的怀疑感和无能为力感**。这种努力和活动并非内在力量和自信的结果，而是绝望地逃避焦虑。

这种机制在个人受焦虑性恐惧的袭击时便很容易看出来。病人期待着在几个小时后知道医生的诊断——结果极有可能是患了不治之症，他自然会异常焦虑。他通常不会静静坐在那里等待。最经常发生的是，他的焦虑，如果没有麻痹他的话，也会使他多少做出些急躁的举动。他可能在地板上踱来踱去，向碰到的人问问题，并喋喋不休地说个不停；可能清理自己的桌子，也可能写信。他可能继续自己往常的工作，但会更加拼命疯狂地干。他无论做何种努力，都是受焦虑的驱动，都意在通过拼命地活动来克服无能为力感。

加尔文教义中的“努力”一词还有另一个心理含义。一个人不知疲倦地努力劳动，不仅在道德，而且在世俗劳动方面获得成功，这些事实多少是选民的明确标志。这种强迫性努力的非理性便是**活动并不意味着创造一个被渴望的目标，而是为了找出某种事情是否会发生的征兆，**这些事情是已事先决定好了，独立于人自己的活动或控制的。这个机制正是众所周知的强迫性精神病症的一个典型特征。这种人在担心一个重要事情的结果时，会在期待结果的过程中数房子上的窗户或街道上的树。如果是双数，他会觉得事情会很顺利。如果是单数，便是倒霉的征兆。这种怀疑不只是在某个场合出现，而是常常贯穿人的一生，这种寻找“征兆”的强迫症也将终生存在。数石子、玩扑克牌、赌博等行为常常是与焦虑和怀疑不自觉地联系在一起的。一个人在隐约地觉得烦躁不安时可能会玩扑克，而只有一种分析能揭示他的活动的隐含功能：揭示未来。

在加尔文主义中，努力的这种含义是宗教教义的一部分。最初它基本指道德努力，但后来，却越来越强调职业方面的努力及这个努力的结果，也就是生意上的成功与失败。成功成为上帝恩典的标志，失败则是受诅咒的标志。

这些考察表明，强迫自己不停地努力劳动远不与人的无能为力之基本信念相矛盾，相反，它却是这种信念的心理结果。这个意义上的努力与劳动便具有一种完全的非理性特征，它们并不能改变命运，因为这是由上帝预先决定好了的，与个人的任何努力无关。它只是预告已定命运的一种手段；同时，疯狂的努力又使人安心，否则便只有令人难以忍受的无能为力感。

这种对努力和劳动的新态度作为一个目的本身，可以视为自中世纪末以来发生在人身上的最重要的心理变化。任何一个社会里的人如果想生存，就必须劳动。许多社会靠奴隶的劳动解决了这个问题，以便使自由人致力于“更高贵”的职业。在这些社会里，自由人是不屑劳动的。中世纪社会也是如此，劳动的重担由社会等级中的不同阶级不平等地分担，很多剥削非常残酷。但对劳动的态度与后来的现代社会有所不同。劳动不具有能生产可以在市场上买卖获利的商品的抽象特征，人按照固定的需求和固定的目标劳动生产，即维持生计。如马克斯·韦伯特别指出的，劳动的惟一动力便是保证维持传统的生活标准。对中世纪社会的某些群体而言，劳动似乎是一种生产能力的实现，是享受；而对许多其他人而言，是因为他们**不得不**劳动，他们觉得这种劳动的必要性是受制于外在的压力的。而现代社会中的新东西便是，驱使人们辛勤劳动的不是外在压力，而是内在强制力。它像其他社会中非常严厉的主人驱使人民劳动那样，驱使他们劳动。

内在强制比任何外在强制都能更有效地促使人竭尽全力地投入劳动。为反对外在强制，总有一些反抗情绪。它妨碍劳动效率，使人们无法胜任对智力、创造性和责任心要求较高的复杂工作。而如果强制力内化，人成了自己的奴隶，就不会妨碍这些特性。毫无疑问，如果人的大部分精力不倾注在劳动上，资本主义是不会发展起来的。没有哪一个历史时期的自由民比现代人更全神贯注于一个目标——劳动。无休止的劳动冲动是根本生产力之一，在我们的工业制度的发展中，其重要性不亚于蒸汽和电力。

迄今为止，我们讲的主要是充斥于中产阶级成员人格中的焦虑与无能为力感。现在我们必须来讨论另外一个只是简单提及的特质：他的**敌视**与**愤怒**。中产阶级形成强烈的敌视是不足为怪的。无论什么人，只要他的情感和感觉表达受阻，只要他的生存受到威胁，就自然会产生敌视心理。如我们所见，中产阶级作为一个整体，尤其是那些尚未受益于崛起的资本主义的人，是受到阻碍和严重威胁的。还有另外一个因素激化了他们的敌视心理，即那一小撮资本家，包括教会上层人员的奢华与权力。中产阶级强烈地嫉妒他们，当是自然而然的结果。但是，虽然中产阶级的敌视和嫉妒增大了，这些人却无法像下层阶级那样找到直接的表达方式。他们仇恨剥削他们的富人，想推翻他们的权力，以解心头之恨。上层阶级在渴求权力时也能直接表达出他们的攻击性。而中产阶级成员基本上是保守的；他们想稳定社会，而非推翻它；他们每个人都希望前程更为远大，并参与社会的普遍进步发展。所以，他们的敌视便无法直接表达出来，甚至都意识不到它的存在。它不得不受到压抑。然而，压抑敌视，只能把它从主观意识里赶走，但却不能消除它。不仅如此，由于找不到直接的发泄方式，郁积的敌视达到一定程度，便会充斥于人的整个人格，以一种虚假的理性方式影响与他人及与自己的关系。

路德和加尔文描绘了这种四处弥漫的敌视。其原因不仅在于，从个人品格来看，他们二人都属于历史上最具仇恨心理的领袖之例，尤其在宗教领袖中；而且在于，更为重要的是，他们的教义透着这种敌视色彩，只能吸引那个满怀强烈敌视又压抑敌视的群体。他们在上帝的概念中找到了表达这种敌视的最激烈方式，尤其在加尔文的教义中。虽然我们对这个概念异常熟悉，但我们却常常没能充分认识到把上帝想象成加尔文式的专横无情的上帝的真正意义所在，他无端地把一部分人定在永罚者之列，惟一的理由便是，这个行为体现了上帝的权力。当然，加尔文本人曾反对将上帝想象成这个样子，但他着力塑造并维护的正义与慈爱的上帝之形象并非那么令人信服。这个欲对人行使无限权力，要求人臣服并贬抑自己的专制上帝的形象，正是中产阶级自己的敌视与妒忌的映射。

在同他人关系的特征中也体现了敌视或愤怒。它的主要表现形式便是道德上的愤怒，这是从路德到希特勒时代的较低层中产阶级的典型特征。虽然这个阶级实际上嫉妒那些有权势、有财富、能享受生活的人，但是他们将这种愤怒与对他人生活的嫉妒理性化了，把它变成道德上的愤怒，并坚信这些上等人将受到永罚。① 此外对他人的敌视情绪还有其他表达方式。加尔文在日内瓦的独裁的特点就是人与人之间的猜疑与敌视。他的专制独裁里根本没有爱的精神与手足之情。加尔文不信任财富，但同时也不同情贫穷。加尔文主义发展到后来，常常呈现出普遍的怀疑气氛，它告诫信徒不要对陌生人表示友好，并残酷对待穷人。②

---

① 参见雷纳夫《道德愤怒与中产阶级心理学》，这是研究道德愤怒是中产阶级，尤其是较低层的中产阶级的一个典型特征的力作。

② 参见马克斯・韦伯前引书，第 102 页；托尼前引书，第 190 页；雷纳夫前引夫，第 66 页及以下。

除了通过上帝来映射他们的敌视与嫉妒，并以道德愤怒的形式间接表达出来外；还有另外一种针对自己表达敌视的方式。我们已看到路德和加尔文是多么强烈地强调人的邪恶，并宣称自我贬抑和自我羞辱是所有美德的基础。他们主观意识上想的无非是极端的谦虚。但是，凡是熟悉自责和自抑心理机制的人，都不会怀疑这种“谦虚”是植根于一种强烈的仇恨，由于某种或此或彼的原因，它没能向外部的世界发泄，却转向了自己。为了更充分地理解这个现象，我们有必要认识对他人与对自己的态度，不但构不成冲突，反而在原则上是平行的。但是，对他人的敌视往往是意识到了的，可以直接表达出来，而对自己的敌视往往（病态情况例外）是无意识的，都以间接的理性化方式表达出来。一种是我们刚刚说过的积极强调他自己的邪恶与微不足道。另一种则以良心或责任义务的伪装形式出现。正如谦虚的存在与自我仇恨无关一样，真正的良心要求及义务感并不植根于敌视。真正的良心是人格的有机组成部分之一，听从良心的命令便是肯定整个自我。然而，我们发现，从宗教改革到现代，无论在宗教还是世俗的合理化中，充斥于现代人生活的“义务感”，都带有浓重的敌视自我色彩。“良心”是奴隶的监工，使人作茧自缚。它驱使人按照自**认为**是自己的愿望和目标行事，而实际上它们却是外界社会要求的内在化。它残忍无情地驱赶着人，禁止他享受欢乐和幸福，把他的整个生命变成为某种神秘的罪孽赎罪。① 它还是“内在世俗禁欲主义”的基础。早期加尔文主义与后来的清教主义便具有这种特征。敌视是这种现代

---

① 弗洛伊德看到了人对自己的敌视，认为它存在于所谓的“超我”中。他还看到，超我最初是一个外在而危险权威的内在化。但他并未区分是自我组成部分之一的自发理想与统治自我的内在化要求。……我在研究权威的心理学时曾更加详尽地讨论过这个问题（《权威与家庭》，1934 年版）。K. 霍尼在《精神分析新方法》中已指出超我要求的强迫特征。

谦虚和义务感赖以生发的基础，它还可以解释另外一个令人大惑不解的矛盾：这种谦虚总伴随着对他人的轻蔑，自我主义实际上已取代爱与怜悯。真正的谦虚和对同胞的真正义务感是不会如此的。但自我贬抑和自我否定式的“良心”只是敌视的一个方面，另一面则是对他人的轻蔑和仇恨。

在简单分析了宗教改革时期自由的含义的基础之上，现在似乎可以就自由这个特殊问题与社会进程中经济、心理和意识形态诸因素相互作用这个普遍问题做个总结。

中世纪封建社会制度的瓦解对社会各阶级都有一个主要影响：个人陷于孤独和孤立，人自由了。这个自由有双重结果。人被剥夺了曾经享有的安全，被剥夺了毋庸置疑的归属感，他与世界的关系变得松散了，它再也不能满足他经济和精神上的安全需要。他感到孤独与焦虑，但他仍可自由行动，独立思想，成为自己的主人，可以按自己的意志生活，而不必听命于他人。

然而，根据不同社会阶级成员的真实生活环境，这两类自由的含义也是不相同的。只有社会中最成功的阶级才会得益于崛起的资本主义，获得真正的财富和权力。他们自己奋斗和深思熟虑的结果是扩张、征服、统治和积累财富。这个有钱的新贵族，连同出身豪门的旧贵族，能够享受新自由的果实，并获得了一种新的主人感和个人进取感。另一方面，他们必须主宰广大群众，相互斗争，所以他们的位置从根本上说也是不安全的，不能令他们高枕无忧。但是总的来说对新资本家而言，自由的积极面是主要的。它体现在从新贵族土壤里生长起来的文化——即文艺复兴的文化中。它的艺术和哲学表达了人类尊严、意志及主宰自我的新精神，尽管常常充满了绝望与怀疑情绪。中世纪晚期的天主教神学教义中也同样强调个人行为的力量与意志。这个时期的经院哲学家并未反抗权威，而是接受了它的领导；不过他们强调自由的积极含义，强调人在决定自己命运中的作用，强调人的力量、尊严及意志自由。

另一方面，较低层阶级，城市贫民，尤其是农民强烈渴望自由，切盼结束日益沉重的经济及人身压迫。他们没什么可失去的，但会得到很多。他们对繁琐的教义并无兴趣，而是恪守《圣经》的基本原则：友爱与正义。他们把希望变成一些积极的政治革命和宗教运动，使之像初期的基督教那样具有典型的不妥协精神特征。

但是，我们的兴趣主要在于中产阶级的反应上。日渐强大的资本主义尽管为他们提供了极大的独立和进取机会，但它仍是一个巨大的威胁。16世纪初中产阶级的个人尚不能从新自由那里获取很大权力和安全。自由带来的更多的是孤立及个人的微不足道感，而非力量和信心。此外，他对富裕阶级，包括罗马教会的统治集团的奢侈和权力怒火万丈。新教正表达了这种微不足道感和憎恨情绪。它摧毁了人坚信上帝无条件爱人的信条；它教人鄙视和不信任自己及他人；它把人变成工具而非目的；它向世俗权力投降，还放弃了自己的原则，即：如果世俗权力与道德准则相矛盾，那么作为一种存在，世俗权力便是不合理的。犹太–基督教传统的根本在这种种过程中彻底被放弃了。新教教义描绘的是一个人、上帝及世界的风景画。它坚信人的微不足道感和无能为力感是人的本性使然，人**应该**有这样的感觉。因此，人的这些情感便是完全合乎情理的。

因此，新教义不但表达了一般中产阶级成员的感受，而且在理性化和系统化过程中强化了这种感受。然而，事情远不只如此，新教义还为个人指明了一条应对焦虑的道路。它告诫个人，只要完全接受自己的无能为力，承认自己本性的邪恶，只要把毕生视为一个赎罪的过程，只要完全贬抑自己，不懈地努力，就能克服自己的怀疑与焦虑；只要彻底臣服，就能为上帝所爱，至少能有希望跻身上帝欲救者之列。新教是给那些因惊恐异常、备感动荡而又孤立无援的个人的想同新世界相连的人性需求提供的答案。因经济和社会变革形成的性格结构，在受到宗教教义的强化后，反过来又成为塑造未来社会经济发展的一个重要因素。恰恰是那些植根于这个性格结构中的特质——强迫自己去劳动、厉行节俭、甘愿把自己的生命当成他人达到目的的工具、禁欲主义以及强迫性的义务感，已成了资本主义社会的生产力，没有它们，现代经济与社会的发展是无法想象的。它们是塑造人类能量的特殊形式，并在社会进程中成为一种生产力。从经济发展必要性的角度来看，根据新形成的性格特质行动是有益的。它还能使人获得心理上的满足，因为这种行为答复了这种新人格的需求和焦虑。用更具普遍性的术语来说明上述原则便是：社会进程通过决定个人的生活模式，即与他人及劳动的关系，塑造了他的性格结构；新的宗教、哲学及政治等意识形态源于这个变化了的性格结构，却又诉诸它，并强化、满足、稳定了它；新形成的性格特质反过来又成为经济进一步发展的重要因素，影响社会的进程；虽然最初它们是作为对新经济力量之威胁的反作用力发展起来的，但渐渐地它们却又成为推动并强化新经济发展的生产力。①

---

① 我在附录里更加详尽地描述了社会经济、意识形态及心理因素之间的相互作用。

第四章　现代人自由的两个方面

上一章分析的是新教主要教义的心理含义。它表明，新的宗教教义不过是回答因中世纪社会制度的崩溃和资本主义的开始所带来的心理需求。我们分析的中心在自由问题的两重性。它表明，人摆脱中世纪社会传统纽带的束缚，获得自由，尽管个人会有一种新的独立感，但同时他又会感到孤独和孤立，会充满焦虑和怀疑，并被迫臣服于新的权威，从事强迫性的非理性活动。

本章我想阐明的是，资本主义社会的进一步发展，是如何沿着发端于宗教改革时期的方向，继续影响人的人格的。

根据新教教义，人已做好了扮演现代工业制度中的角色的心理准备。这个制度，其实践及源于它的精神遍及生活的各个方面，塑造了人的整个人格，加重了我们上一章所讨论的矛盾：它使个人得到发展，却又使人更加孤立无援；它增加了人的自由，却又创造了一种新的依赖。我们并不想描述资本主义对人的整个性格结构的影响，因为我们关注的只是这个普遍问题的一个方面，即自由日益增大过程中的辩证特点。我们意在表明，现代社会结构在两个方面同时影响了人。它使人越来越独立自主、富有批判精神，同时又使他越来越孤立、孤独、恐惧。要理解整个自由问题，就必须全面把握这个过程的两个方面，不能顾此失彼。

这是很困难的，因为我们缺乏从辩证角度思考问题的习惯，并容易怀疑一个原因是否会同时产生两种相矛盾的倾向。不仅如此，自由的消极面，即它给人带来的负担，通常很难为人所认识，尤其是那些心系自由之事业的人。因为现代史上争取自由的斗争大都着眼于反对旧式权威和束缚。人们自然会觉得传统的束缚消灭得越多，获得的自由也就越大。然而，我们没有真正认识到，虽然人除掉了自由的旧敌，但性质不同的新敌又出现了。这些新敌基本不是外在束缚，而是妨碍人格自由充分实现的内在因素。例如，我们相信信仰自由是自由最后的胜利之一。我们却未充分认识到，它虽然是对不允许人按自己良心信仰的教会及国家权力的胜利，但是，现代人在很大程度上却丧失了信仰的内在能力，他们只相信由自然科学方法证实了的东西。再如，我们觉得言论自由是自由胜利征途中的最后一步。我们却忘了，虽然言论自由是反对旧束缚斗争的重要胜利环节，但现代人却处在一种“他”所想所说的东西都是任何一个人之所想所说的境地，他并未获得不受他人干扰、独立思考并表达自己思想的能力。还有，我们为人在生命活动中摆脱了外在权威，不再唯其马首是瞻而感到自豪，却忽略了公众舆论及“常识”之类无名权威的作用，它们的作用非常大，因为我们非常急于与别人对自己的期望保持一致，同样也非常害怕与众不同。换言之，我们对摆脱**外在于**自己的权力，不断获得更大的自由而欣喜若狂，却对**内在**的束缚、强迫和恐惧置若罔闻，它们会削弱自由战胜传统敌人并获得胜利的意义。所以，我们往往认为自由问题只不过是**更多地**获得现代历史进程中曾获得的那种自由，认为捍卫自由只是不过反对此类与这种自由为敌的权力。我们忘记了，尽管我们必须全力以赴地捍卫已赢得的每个自由，可自由不仅仅是个量的问题，而且是个质的问题，我们不但要保存并扩大传统的自由，而且要赢得一种新自由，它能使我们认识到属于自己的个人自我，可以使我们对这个自我及生活充满信心。

要正确估价工业制度对这种内在自由的影响，就必须从充分了解资本主义的巨大进步对人格的发展产生的影响入手。事实上，任何对现代社会的批判评估，如果忽视问题的这个方面，都是一种非理性的浪漫主义情绪在作怪，他们批判资本主义，似乎并不想促进人类的进步，而意在摧毁现代历史上人的最重要成就。

新教开始从精神上解放人，资本主义则从心智、社会和政治上继续这个任务。经济自由是这个进步发展的基础，中产阶级则是它的生力军。个人不再受固定的社会制度——该制度以传统为基础，在此之外个人几乎没有发展的余地——的束缚。只要他勤奋、聪明、勇敢、节俭或运气好，社会便允许并期望他获得个人的经济成功。在人人皆敌的残酷经济竞争中，个人有可能成功，有可能失败，有可能被别人吃掉，也有可能落得个遍体鳞伤。在封建制度下，个人生活限度在出生前就已被确定下来，但是，在资本主义制度下，个人，尤其是中产阶级的成员，尽管有很多限制，却有凭自己的才智及行动获得成功的机会。他看到了可以奋力争取的目标，并常常有很大的机会实现它。他学会依靠自己、慎重决策，放弃既令人陶醉而又令人恐惧的迷信。人冲破大自然的束缚，越来越自由。他主宰自然力量的程度是前所未闻、前所未想的。人平等了，曾一度妨碍人类统一的阶级及宗教差别之类的天然屏障消失了。人学会了相互视对方为人。世界摆脱了神秘因素的控制，愈发自由起来。人开始客观地审视自己，幻想的成分越来越少。政治自由也扩大了。冉冉上升的中产阶级凭借其经济实力可以征服政治权力，而新赢得的政治权力又为经济进步创造了更大的可能与机会。英国和法国的大革命以及美国独立战争便是标志这种发展进步的里程碑。政治领域里的自由进化之顶点便是现代民主国家的建立。

一句话，资本主义把人从传统的束缚中解放出来，促进了积极意义上的自由的增长，促进了积极进取、爱批判、有责任心的自我的成长。

然而，这只是资本主义对自由增大过程的一个影响，它同时使个人更孤独、更孤立，并使他深深感到自己的微不足道、无能为力。

这里要提及的第一个因素是资本主义经济的总体特征之一——个人活动原则。中世纪封建制度下社会等级森严、秩序井然，每个人的位置都是固定不变的。与它相比，资本主义经济却完全让个人自力更生。做什么、如何做，成功还是失败，完全是他自己的事。这个原则显然进一步深化了个体化进程，并总被视为现代文化的一个重要方面。但在深化**“摆脱束缚、获得自由”**的过程中，这个原则又有助于切断个人与他人的所有纽带，并使个人陷于孤立，将他与同胞分离开来。宗教改革的教义已为这种发展做好了准备，天主教会里的个人与上帝的关系是建立在个人成为教会成员的基础之上的，教会是连接人和上帝的桥梁，因此它一方面限制人的个体性，另一方面又使他作为一个集体的有机部分面对上帝。而新教使个人独自面对上帝。路德的信仰和加尔文的得救信念都完全是个人的主观体验。个人独自面对强大的上帝，不禁会有被击溃的感觉，进而会彻底屈服以求得救。从心理角度讲，这种精神个人主义与经济个人主义并无太大差别。在这两种情况下，个人完全形单影只，孤立地面对强大的力量，或者是上帝，或者是竞争者，或者是非人的经济力量。**人与上帝的个体化关系是人的世俗活动个体化特征的心理准备。**

经济制度的个体化特征是个无可争议的事实，这种经济个人主义在加深个人的孤独方面的惟一影响似乎会令人怀疑，但眼下我们要讨论的一点却与某些最广为流传的对资本主义的传统看法相抵触。这些看法认为人已成了现代社会的中心及一切活动的目的，他的所作所为都是为了自己，人类活动的全部强大动力便是自利与自我中心主义。根据本章开始所讲的，我们相信这在某种程度上是正确的。近四百年来，人为自己做了许多，都在为自己的目的而努力。但是，如果我们这里所说的“他”不是指“工人”、“生产者”，而是指有感情、智力及感性潜能的具体的人，那么许多看似是**他的**目的的东西，其实并不是他的。资本主义除肯定个人外，还导致了自我否定和禁欲主义，这是新教精神的直接继续。

为了说明这一点，我们首先要重申上一章提出的一个事实。资本在中世纪制度下是人的奴仆，但在现代制度下它却成了主人。中世纪世界的经济活动是达到目的的一种手段，生活本身才是目的，或者像天主教会理解的那样，人精神上的得救才是目的。经济活动必不可少，甚至富人也可以为上帝的目的服务，但所有外在活动只有在促进生活目的的前提下，才有意义、才光彩。在中世纪思想家看来，视经济活动为目的，为获利而获利是不合理的，而现代思想则恰恰与之相反。

在资本主义经济活动中，成功、获得物质利益成了目的本身。人的命运便是促进经济制度的进步、帮助积累资本，这并非为了自己的幸福或得救，而把它作为目的本身。人成了巨大经济机器上的一个齿轮，如果他有很多资本，便是一个重要齿轮；如果没有资本，便是个无足轻重的齿轮，但都总是一个服务于自身目的之外的齿轮。新教实际上为个人急于臣服于自身之外的目的奠定了基础，尽管路德和加尔文只承认此类经济活动的至高无上，此外别无他意。但是，通过打断人的精神支柱，摧毁人的尊严和自豪感，通过教谕，他活动的目的是外在于他自己的，他们在神学教义中早已为这个发展奠定了基础。

正如我们在前一章所见，路德教义的主要中心点之一便是强调人性的邪恶、意志及个人努力的无用。加尔文同样强调人的邪恶，并把人必须竭力贬抑自己的自傲作为其整个体系的中心。不仅如此，他还宣扬人生的目的惟在荣耀上帝，绝无半点为自己的东西。这样，路德和加尔文便从心理上为人在现代社会中所要扮演的角色奠定了基础，即，个人的微不足道感，并随时准备把自己的生命完全臣服于非自己的目的。一旦人只愿成为既非正义亦非爱的化身的上帝荣耀的工具，他便完全能准备接受做经济机器的一个仆人的角色，并最终成为“领袖”的奴仆。

个人臣服于经济目的，成为实现它的一种手段，这是基于资本主义生产方式的特殊性的，它使积累资本成为经济活动的目的和目标。人为获利而劳动，但所获利润并不用于消费，而是作为新资本投资。这种扩大了的资本又带来新的利润，新利润又被投资，如此周而复始。当然，总有奢侈浪费、挥金如土的资本家，但资本主义的典型代表则是酷爱劳动，而非消费。这种积累资本而非消费所获利润的原则是我们现代工业制度获得巨大成功的前提。如果人没有刻苦劳动的禁欲态度，没有把劳动果实进行投资，以达发展经济制度的生产能力之目的，我们就无法在主宰自然方面取得任何进步。这种社会生产力的增长使我们在人类历史上首次展望未来，那时为满足物质需求而发生的连续不断的斗争将告终。然而，虽然以积累资本为目的的劳动原则客观上对人类的进步意义非凡，但主观上它却使人为其自身之外的目的而劳动，使他成为自己所造机器的仆人，因而使他有一种个人微不足道及无能为力的感觉。

至此，我们讨论的是现代社会中那些拥有资本并能把所获利润变成新资本投资的人。不管他们是大资本家还是小资本家，他们都将全部生命奉献给经济生活，完成他们的经济功能，即，积累资本。但那些没有资本并不得不出卖劳动谋生的人又怎样呢？他们的经济地位给我们造成的心理影响与那些资本家相比，并没多大差别。首先，受雇便意味着依赖于市场规律，依赖于企业的兴衰，依赖于雇主手中技术进步的影响。雇主直接操纵着他们，成为他们必须臣服的超级权力的代表。这对包括19世纪在内的以前的工人来说尤其如此。自那以后，工会运动的开展使工人有了某些自己的权力，因而使他受操纵的局面有所改观。

但是，工人除直接在人身上依附于雇主外，还像整个社会一样具有我们所说的资本家性格，即，强烈的禁欲精神及臣服于人自身之外的目的。这并不足怪。任何一个社会的整个文化精神都是受社会中势力最强大的那些集团的精神所决定的。之所以如此，部分原因在于这些集团握有权力，能控制教育制度、学校、教会、新闻出版、剧院，并能将自己的观念灌输给所有人。不仅如此，这些权势集团声望如此之大，以至于低层阶级急于接受并模仿他们的价值观，并在心理上向他们看齐。

据此，我们认为，资本主义生产方式把人变成了超人的经济目的的工具，加深了禁欲主义精神和个人的微不足道感，这都是新教奠定的心理基础。然而，这个论点却与下列事实相矛盾，即，现代人似乎并非受牺牲和禁欲观念的驱使，相反，却是受极端自我中心和追求自利动机的驱使。客观上，人成为非自我目的的奴仆，但他却在主观上坚信自己是受自利动机的驱使。我们该如何调和这一事实呢？我们又该如何调和新教精神及其强调的大公无私与现代自我中心主义理论之间的矛盾冲突呢？用马基雅弗利的话来说，自我中心便是人行为的最强烈驱动力，追求个人利益的欲望胜过所有的道德考虑，人宁愿看着自己的父亲死去，也不愿丧失财富。也许强调大公无私只是一种意识形态，为的是别有用心地掩盖自我中心主义，但这个假设能把矛盾解释通吗？尽管这在某种程度上可能是正确的，我们还是不相信这就是问题的全部答案。为指明答案的方向所在，我们必须集中注意力探讨自私问题的复杂心理。①

路德、加尔文以及康德和弗洛伊德思想的弦外之音都是：自私与自爱是一回事。爱他人是美德，自爱是罪恶。不仅如此，爱他人和自爱是相互排斥的。

从理论上讲，我们这里面临的是一个关于爱的性质的谬误问题。爱主要不是由某一特殊对象“引起”的东西，而是人内在的一种缠绵之情，只有靠某一“对象”才能实现。仇恨是一种强烈的破坏欲望，爱是对某一“对象”的强烈的肯定欲望。爱并非一种“情感”，而是一种积极的驱动力和内在的相连状态，其目的是对象的幸福、发展与自由。②爱是一种欣然的心理状态，原则上它可以给予所有的人和对象，包括我们自己。排他性的爱本身就是矛盾的。可以肯定的是，某个人成为爱的“对象”并非偶然。决定这一特殊选择的因素太多太复杂了，这里无法加以探讨。然而，很重要的一点是，对某一特殊“对象”的爱只不过是一个人内在的缠绵之爱的实现和集中而已。它并非像罗曼蒂克式的爱那样认为一个人在世上能爱的人只有一个，找到那个人是一生中最大的机遇，爱他的结果便是不再爱其他人。该事实恰恰表明，那种只能从一个人身上体验到的爱并非真正的爱，它不过是一种施虐-受虐依恋。作为人主要特性的具体体现，真正的爱蕴含着对被爱者的基本肯定。爱一个人意味着爱这样的人。爱这样的人，并不像人们所常常认为的那样，是爱某一个特定的人，并据此加以抽象概括，也不是对某一特定“对象”的经验扩大化。相反，它是前提，尽

① 关于这个问题的详细情况，请参见我的“自私与自爱”一文，载于《精神病学》第2卷，第4号，1939年11月。

② 沙利文在他的演讲中也接近了这种模式。他认为，青春期前的特点表现为人际关系上的冲动，它取代另一个人，成为一种新满足形式。在他看来，爱是一种情景，其中被爱者的满足与爱者的满足一样显著与令人神往。

管爱的产生是在与具体个人的接触过程中完成的。

据此，我们可以说，原则上我自己同另一个人一样可以是我爱的对象。我之所以能肯定我自己的生命、幸福、发展与自由，是由于我具有此类肯定所需的最基本的欣然心理与能力。如果一个人有这种欣然的心理状态，他也能对自己如此。如果他只能“爱”他人，那他根本就没能力爱。

自私与自爱并不是一回事，恰恰相反，二者是对立的。自私是一种贪婪。同所有的贪婪一样，它蕴含着一种不满足性，其结果是永远没有真正的满足。贪婪是一个无底洞，它耗尽了人的精力，人虽然不停地努力使其需求得到满足，但却总是达不到。只要仔细观察便可发现，自私的人总是对自己焦虑异常，他总是不满足，整天心神不定，害怕所得不足，害怕错过什么，害怕被剥夺了什么。他对任何可能得到更多的人嫉妒万分。如果我们再进一步观察，尤其注意潜意识动力，我们发现这类人根本不喜欢自己，而且是极其厌恶自己。

这个看似矛盾的怪现象其实很容易解释。不喜欢自我恰恰是自私的根源。不喜欢自己、不认同自己的人常常对自我焦虑异常。他缺乏内在的安全感，而内在的安全感只能建立在真的喜欢与肯定自己的基础之上。他必须关注自己，贪求所有东西，因为他根本就缺乏安全感与满足感。自恋的人也是如此，他虽不关心自己有所得，但却景仰自己。表面看来这些人非常爱自己，但实际上他们并不喜爱自己，他们的自恋同自私一样是对根本缺乏自爱的一种过分补偿。弗洛伊德已指出，自恋的人撤回了对别人的爱，把它转向自己。尽管这个论断的前半部分是正确的，但后半部分却是错误的。他既不爱他人也不爱自己。

我们还是回到把我们带入对自私进行心理分析的这个问题。我们发现我们面临着一个矛盾，即，现代人相信自己是受自私动机的驱使，而实际上他生命的目的却并非他自己的。同样，加尔文觉得人存在的惟一目的并不在于自己，而在荣耀上帝。我们试图表明，自私根源于缺乏对真实自我的肯定与爱，即，缺乏对整个具体的人及其所有潜能的肯定与爱。现代人的“自我”是**社会**自我，它基本上是由个人在社会中所扮演的角色组成的，实际上只是人的客观社会功能的主观伪装。现代自私是贪婪，其根源在于真实自我的挫折，其对象是社会自我。虽然现代人的特征似乎是完全主张自我，实际上他的自我受到了削弱，成为全部自我——智慧与意志力——的一个碎片，整个人格中的所有其他部分全部被排除掉了。

或许有人问，即便这是正确的，对自然主宰能力的不断增长难道不会导致个人自我力量的增加吗？这在某种程度上是对的，正因如此，它涉及的是个人发展的积极面，对此我们并未加以否认。但是，虽然人对大自然的主宰达到了相当高的程度，但它所创造的力量并不能掌控社会。从技术方面来看，伴随生产制度的理性化而来的是它的社会方面的非理性化。经济危机、失业、战争主宰了人的命运。人建设了世界，建起了工厂和房屋，生产出了汽车和衣服，种植谷物与水果。但他同他的劳动果实疏离了，他不再是他所建造的世界的真正主人了；相反，这个人创造的世界成了他的主人，他必须对它卑躬屈膝，尽力奉承它。他亲自创造的劳动产品成了他的上帝。他似乎是受自利的驱使，但实际上他的全部自我连同其全部具体的潜能却成为他亲手制造的机器之目的的工具。他自欺欺人，幻想着自己是世界的中心，然而却深陷于一种强烈的微不足道感和无能为力感之中，而他的先祖曾对上帝有这种清醒的感觉。

现代人所有的人际关系特征进一步加深了他的孤立及无能为力感。一个人与他人的具体人际关系已失去了其直接性与人情味特征，而呈现出一种操纵精神与工具性的特点。市场规律是所有社会及人际关系的准则。很显然，竞争对手之间的关系必须以人与人之间的相互漠不关心为基础。否则，任何一个人都会寸步难行，无法完成其经济任务，即，相互斗争。如有必要，在实际的经济斗争中毫不留情地摧毁对方。

雇主与雇员之间的关系也弥漫着这种漠不关心的精神。“雇主”这个词便能说明一切：拥有资本的人雇用另外一个人，就如同“雇用”了一台机器。他们相互利用，以寻求各自的经济利益。在这种关系中，双方都是实现目的的一种手段，都是对方的工具。这并非两个人类间的关系，因为它从不超出相互利用的范围。商人与顾客的关系也遵循这个工具性准则。顾客是一个受操纵的对象，商人并不把他视为有血有肉的人，其目的也不在于满足他的需求。对劳动的态度也表现为工具性，与中世纪的手工艺人相反，现代制造商对生产的东西根本不感兴趣，他的根本兴趣在于能从资本投资中获利，生产什么主要看市场，看投资于哪个领域更有利可图。

不但经济，人与人之间的关系也具有这种异化特征，它呈现出物与物之间的关系特征，而非人与人间的关系。但是，这种工具精神与异化现象最重要最危险的方面或许在个人与自我的关系上。①人不但卖商品，而且也卖自己，觉得自己是一件商品。体力劳动者出卖自己的体力，商人、医生、职员则出卖他们的“人格”。如果他们要出卖他们的产品或服务的话，就必须有“人格”。这种人格必须博人欢心，但除此之外其主人还必须符合一些其他要求：必须精力充沛、有创造性、能适应各种各样的特殊职位。同其他商品一样，市场决定了这些人类特质的价值，甚至他们的存在。正像一件有使用价值的滞销商品毫无价值一样，如果一个人所具有的特质没有用处，他便毫无价值。因此，自信、“自我感”只不过是别人评

① 黑格尔和马克思已为认识异化问题奠定了基础。参见马克思关于“商品拜物教”及“劳动的异化”概念。

判的一种指示，使他确信自己价值的不是他自己，而是声望（popularity）和在市场上的成功。如果他受人追逐、有声望，那他便是个人物，便有价值；如果他默默无闻，便什么也不是。声望对现代人之所以如此重要，其原因就在于这种“人格”成功成了自我评价的依托。它不但决定了一个人在实际事务中是否能够领先，而且决定了一个人能否保持对自己的自我评价或是否跌入自卑的深渊之中。①

我们已试图说明，资本主义给个人带来的新自由进一步加剧了新教宗教自由对人早已有的影响。个人更加孤独、孤立，成为他自身之外的某些强大力量手中的一个工具。他成为一个“个人”，但却是一个疑虑重重、无安全感的个人。有些因素可以帮助他克服这一点，使潜在的不安全感不至过分表现出来。首先，他的自我是以拥有财产为支撑的。作为一个人，“他”与他拥有的财产是无法分开的。衣服或房屋如同身体一样是自我的一部分。他越觉得自己什么也不是，便越需要拥有财产。如果个人没有财产或失掉了它，他的“自我”便少了重要的一部分，便在某种程度上不被别人或自己看作一个全面的人。

声望与权力是支撑自我的其他因素。它们部分地是拥有财产的结果，部分地是竞争领域获胜的直接结果。别人的景仰及对他们行使的权力像财产的作用一样，甚至添砖加瓦地支撑着没有安全感的个人自我。

对那些没有财产和社会声望的人来说，家庭便是个人声望的一个源泉。个人在那里会觉得像个“人物”。妻儿对他俯首帖耳，他是这个舞台的中心，并天真地视此为自己的天然权利。他可能在社会关系上什么也不是，但在家中却是王。除家庭外，民族自豪感（在欧洲经常表现为阶级自

① E. 沙赫特尔在一份未整理出版的演讲《自我感与人格的“出售”》中早已清晰地分析了自我评价。

豪感）也赋予他一种重要之感。即便从个人角度来看他什么也不是，但他仍觉得自豪，因为他属于一个他觉得优于其他竞争群体的群体。

这些支撑着摇摇欲坠的自我的因素与我们在本章开始时提到的那些因素，即，实际的经济与政治自由、个人发挥自己创造性的机会及不断加强的理性启蒙是不同的，对此我们要正确分别。后者实际上增强了自我，并导致个体性、独立性及理性的发展。相反，前者只是有助于弥补不安全感和焦虑感。它们并未根除不安全感和焦虑感，而是掩盖了它们，因而有助于使个人在主观意识上觉得安全。但这种感觉部分地只停留在表面上，并只有在支撑因素存在的情况下才存在。

从宗教改革到今天，在欧美历史从"摆脱束缚之自由到自由自在之自由"的演化中始终有两个矛盾在并行发展，或者说交相缠绕，只要稍加分析，便可发现这一点。遗憾的是，这个分析不属于本书的范围，必须留待另一本书中解决。从积极意义上看，人的自由——自我的力量与尊严——在某些时期及某些特定的社会群体中是主导因素。泛而言之，这种情况出现在英、法、美、德各国的中产阶级击败旧秩序的代表，获得经济与政治上的胜利时。在这场争取积极意义上的自由的斗争中，中产阶级能够发现新教强调人的自律与尊严的一面，天主教会则与反对人的解放以保全自己特权的那些群体结盟。

我们发现，现代哲学思想中自由的两个方面也相互纠缠，其情形同宗教改革时的神学教义相同。因此，对康德和黑格尔而言，个人的自律与自由是他们体系的中心，但他们又使个人屈服于具有绝对权力的国家，以其目的为目的。法国大革命时期的哲学家以及 19 世纪的费尔巴哈、马克思、施蒂纳和尼采又一次毫不妥协地表示，个人不应当屈服于自己的发展进步或幸福之外的任何外在目的。然而，同一世纪的保守哲学家们则明确强调个人必须屈服于精神及世俗的权威。积极意义上的自由之趋势在 19 世纪下半叶及 20 世纪初达到了顶峰。不仅中产阶级加入到这个行列里来，而且工人阶级也成为一股积极踊跃的力量，既为他们自己的经济目标又为更为广泛的人性目的而斗争。

随着垄断资本主义阶段的到来及其在近几十年来的突飞猛进，自由的两个方面的均衡局面似乎发生了变化。削弱个人自我的那些因素渐渐得势，而加强自我的那些因素则相对旁落。个人的无能为力感及孤独感加强了，对他摆脱所有传统束缚获得“自由”的宣扬越来越多，而他获得个人经济成功的可能却越来越小。他感觉到巨大的力量的威胁，其情景在许多方面与 15 和 16 世纪相似。

该发展过程中最重要的因素便是垄断资本权力的不断增大。我们的经济制度中某些部门的资本集中（不是财富）限制了个人凭借创造性、勇气及智慧获得成功的可能性。在那些垄断资本大获全胜的部门中，许多人的经济独立遭到破坏。对那些不断斗争的人，尤其是大部分的中产阶级来说，他们的斗争，便是要防止个人具有的创造性及勇气方面的信心，被无能为力感及绝望感所代替。一个小群体掌握着巨大而又秘密的权力，整个社会都受他们的统治，他们的决策决定了社会的命运。1923 年的德国通货膨胀、1929 年的美国经济大危机加深了不安全感，粉碎了许多人的梦想，他们曾希望通过个人的努力获得成功，并坚信成功的机会无限的传统信条。

中小商人虽然实际上受到超级资本强大权力的威胁，但他们或许能继续赢利，保持自己的独立。然而，盘桓于其上的威胁加深了他们的不安全感与无能为力感，情形已与以往不大一样了。他在反对垄断竞争对手的斗争中面对的不是过去那个同级别的对手，而是一位巨人。不过，现代独立商人与旧式的独立商人的心理境况是不一样的，对前者而言，现代工业的发展为他们创造了新的经济功能。从加油站老板这类独立商人身上可以看出这种差别，人们有时把他们作为新兴中产阶级势力增长的例子而到处宣扬。他们中的许多人在经济上是独立的。他们像杂货店老板或为人做衣服的裁缝一样拥有自己的产业。但新旧独立商人间的差别是多么大！杂货店老板需要许多知识与技术。他可以在许多批发商中选择进货，并根据最优价格和质量选择进什么货，他知道许多个人顾客需要什么，他必须做他们购买时的参谋，并决定是否赊销给他们。总的说来，旧式商人不仅仅是独立的，而且还需要技术、个人化的服务、知识与活动能力。另一方面，加油站老板的情形就完全不同了。他只卖一种商品——油与气，他只与汽油公司打交道，日复一日地机械重复为别人加油这一动作。他不比旧式的杂货店老板，他用不着什么技术、创造性、个人的活动能力。他的利润只受两个因素的制约：进油的价格与到他这里来加油车辆的多少。这两个因素都不是他所能控制的。他只是批发商与顾客之间的代理人。从心理上看，他是否为康采恩雇用，或是否是个“独立的”商人对他并没多大关系。他只是这台流通大机器上的一个齿轮而已。

包括白领工人在内的新兴中产阶级，他们的数量随大商业的扩展而增大。很显然，他们的地位与旧式的小独立商人有很大的区别。人们可以说，尽管他们在形式上不再独立，但实际上发挥创造性和智慧为成功打下基础的机会与旧式的裁缝或杂货店老板一样多，甚至更多。在某种意义上这确实是对的，尽管程度如何值得怀疑。但白领工人的心理态势有所不同。他是巨大经济机器的一部分，有一项高度专业化的任务，与处在同一位置上的数百计其他人形成激烈竞争，如果在竞争中落后便被无情地炒掉。一句话，即便他成功的机会有时更大些，他仍然失去了许多旧式商人所具有的安全感及独立感，他俨然成了一个机器齿轮，时小时大，或急或缓地被机器驱使着，他根本无法控制，与它相比，他完全微不足道。

超级大企业的强大权力，对工人的心理也会产生影响。昔日较小企业里的工人很了解老板，也非常熟悉他所效力的整个企业。虽然他受市场规律的支配或受雇或被解雇，但他仍与老板和企业有某种具体的关系，这使他有一种清楚自己位置的感觉。一个拥有数千名工人的大工厂就不同了。老板只有一个抽象的人物，工人从来就见不到他。“管理”是个不具姓名的权力，他间接与它打交道，作为一个人，他在它面前微不足道。企业实在太大了，他所能了解的不过是那些与他的工作有直接关系的部门。

工会稍微平衡了一下这种形势。它们不但改进了工人的经济状况，而且对他产生了重要的心理影响，使他面对与之打交道的巨人时有一种力量感和价值感（significance）。不幸的是，许多工会变成了大组织，个体成员几乎没有发挥创造性的余地。他时不时地缴会费并选举工会领导人，但他又一次成为大机器上的一个小齿轮。工会的当务之急应是成为一个以每个成员的积极合作为基础的机构，在组织上应使每个成员积极参加该组织的生活，并对所发生的一切有一种责任感。

我们这个时代，个人的微不足道涉及的不仅仅是商人、雇员或体力劳动者，还包括顾客。近几十年来顾客的地位发生了急剧变化。顾客走进独立商人开的零售商店时肯定会受到重视，他个人的购买对店主至关重要，他像个重要人物那样受到接待，别人要揣摩他的意愿，买东西这个行为使他觉得自己很重要，也很有尊严。顾客对大商场的感觉是何等不同！辉煌的建筑、众多的雇员及琳琅满目的商品给他深刻的印象。与这些相比，他觉得自己很渺小、很不重要。作为一个个人，他对大商场无足轻重。作为“一位”顾客他是重要的；商场并不想失去他，因为这将意味着有些地方出了问题，而且会意味着商场会因同样的原因失去其他顾客。他作为一个抽象的顾客很重要，但作为一个具体的顾客则无任何重要性可言。没有人对他的到来感到高兴，更没有人特别关注他的意愿。买东西与到邮局买邮票并无不同。

现代广告方式更加强调这种态势。旧式商人的销售经基本上是理性的。他了解自己的商品，了解顾客的需求，并试图在这种知识的基础上销售商品。可以肯定的是，他的销售经不完全是客观的，他也会尽力说服别人。不过，为了更有效，广告就必须合理可信。大部分现代广告却是另外一番景象。它并不诉诸理性，而是情感；像其他任何一种催眠暗示一样，它先着力在感情上征服对象，然后再让他们在理智上投降。这类广告用尽各种办法来打动顾客的心：一遍遍地重复同一模式；利用社会名媛或专吸某个牌子香烟的著名拳击手之类的权威形象的影响；用性感女郎既能吸引顾客又能削弱他们的鉴别能力；用“体臭”或“口臭”恐吓顾客或通过购买某种品牌的衬衫或香皂刺激人的白日梦，让他们幻想生命突然发生变化。所有这些方法基本上都是非理性的，它们根本与商品的质量无关，而像麻醉剂或直接催眠法那样麻醉和扼杀顾客的鉴别力。它们像电影那样具有白日梦的特点，能满足顾客的某种需求，但同时又增加了他们渺小感与无能为力感。

事实上，这些弱化人的批判思维能力的方法对我们的民主的危险性更大，远胜于许多对它的正面攻击，从人类诚实的角度来看，则比我们加以惩罚的黄色出版物更不道德。消费者运动便试图恢复顾客的批判能力、尊严及意义感，因此与工会运动的方向一致。然而，迄今为止，这场运动还仅仅是个开端。

经济领域里的这些现象也同样存在于政治领域。在民主政治的早期阶段，个人可以通过各种各样的安排直接积极地投票表决某个决议或选举某个候选人。他熟知要表决的问题，也了解候选人。投票通常在全镇居民大会上举行，确实具有直接性，个人也确实是其中的一员。今天，投票人面对的是大党派，它们像大工业组织那样遥远、那样惹人注目。投票程序非常繁琐，各种方法更是使人如坠雾里。投票人在竞选期间有可能看到竞选人的影子，但自从有了收音机以后，便不太可能那么频繁地见到他了，于是他连评判“他的”候选人的最后一招也都失去了。政党机器实际上提出两三个候选人供他选择，但这些候选人并非“他的”选择，他们相互间根本都不了解。他们的关系像其他关系一样都是抽象的。

政治宣传的方法同广告对顾客产生的影响一样，能加深个体投票人的微不足道感。重复口号、强调无关主旨的话题麻痹了他的批判力。政治宣传的规则绝对不是让他有清晰冷静的思维，即使在民主国家里也是如此。面对宣传里展示的政党的权力与规模，个体投票人不禁会觉得渺小而又微不足道。

所有这些并不意味着广告与政治宣传过分强调个人的微不足道。恰恰相反，它们奉承个人，让他觉得自己很重要，并假装尊重他的判断力和鉴别力。但是，这些把戏说到底不过是麻痹个人怀疑情绪的一种方法，不但有助于他自欺欺人，而且能使他做出合乎个人性格的决定。几乎用不着指出，我所说的宣传并非完全都是非理性的，党派不同，竞选人各异，其宣传里面的理性成分也就不尽相同。

还有一些因素加深了个人不断增长的无能为力感。经济与政治舞台比以往更加复杂、更加庞大，让个人无法看清楚。他所面临的威胁的容积也在不断扩大。数百万结构性失业大军加剧了不安全感。尽管国家采取了许多措施帮助失业者，以便从经济和心理上消除失业带来的后果，但事实依然存在，对绝大多数人来说，失业仍是一个难以承受的心理负担，对它的恐惧笼罩着他们的整个生活。有份工作，无论什么工作——似乎是许多人对生命的惟一所求，他们应对此感激涕零。失业也加剧了对老年人的威胁。许多工种只要年轻人，甚至要那些毫无经验的新手，这意味着这台特殊的机器需要的是那些不用费力气就可以塑成小齿轮的那些人。

战争的威胁也加剧了个人的无能为力感。当然，19 世纪也有战争。但是，自从第一次世界大战以来，战争的破坏力剧增，它可波及所有的民族，无一例外地使所有人遭遇灭顶之灾。战争的威胁成了一场噩梦，尽管许多人在自己的国家实际被卷入战争之前并未清醒地意识到这一点，但战争的阴影笼罩了他们的生活，加剧了他们的恐惧感及个人的无能为力感。

整个时期的“风格”与我所描绘的景象是相吻合的。个人迷失在巨大的城市里，高耸入云的建筑，震耳欲聋的无线电广播，一日三变的新闻标题使人无法断定什么最重要；百名女子同时演出，她们的动作像时钟那样精确整齐，像机器那样流畅自如，而个人却被湮没了；还有节奏强劲的爵士乐……种种细节表明人只不过是广袤空间里的一粒尘埃，他所能做的一切就是像一个长途跋涉的士兵或流水线上的工人那样随波逐流。他能活动，但独立感、意义感已不复存在。

普通美国人也充满了同样的恐惧和微不足道感，其程度可以从米老鼠电影的风行中体现出来。这类电影只有一个主题，虽然表现形式变化多端，但总是这样：强壮的巨人迫害威胁小东西，大有将它杀掉吞噬之势。小东西逃命求生，最后获得成功甚至伤害了敌人。人们之所以不厌其烦地品味着这一万变不离其宗的主题，是由于它触动了某些与人的感情生活密切相关的东西。很明显，受强大恶毒敌人威胁的小东西就是观众自己。这就是他的所感，这种环境使他自我认同。但当然，为了不断吸引观众，其结局也总是大团圆。实际上，观众忍受着所有恐惧与渺小感，最后获得一丝安慰，庆幸虽历经千辛万苦，自己终于得救，甚至能征服强大的敌人。然而，他得救多在于自己逃命的本领，在于使强敌无法抓住他的那些无法预料的偶发事件。这既是“大团圆结局”的意义所在，又是其令人悲哀之处。

19 世纪富有远见的思想家早已预料到了今日个人的尴尬境地。克尔恺郭尔描绘了无助的个人备受怀疑的煎熬与折磨，被强大的孤独和微不足道感所淹没。尼采使虚无主义初现端倪，纳粹主义将它发挥得淋漓尽致，他还描绘了一个“超人”形象以否定他所看到的现实中毫无意义、毫无方向和目的的个人。F. 卡夫卡的作品最淋漓尽致地揭示了人的无能为力这一主题。他在《城堡》中描写了一个想与城堡中的神秘居民取得联系的人，据说他们能告诉他该做些什么，并能指明他在世界中的位置，他毕生都在狂热地努力与他们取得联系，但却始终未能成功，到头来还是一个备感无用而又无助的孤独者。

J. 格林下面的话最精彩地描绘了人的孤立感和无能为力感：“我知道，与偌大的宇宙相比，我们太微不足道了，我知道我们什么也不是；在如此浩大的宇宙中似乎没有任何东西在某种程度上既能淹没人又能使人重新获得信心。那些计算、那些人无法理解的力量，是完全不可抗拒的。那么，究竟有没有我们可依赖的东西？我们虽已陷入幻觉的泥潭中，但其中尚有一样真东西，那便是爱。此外什么都没有，完全是空。我们跌入了一个巨大的黑暗迷宫，我们怕极了。①”

然而，虽然这些作家表述了个人的孤立与无能为力感，许多所谓的神

① 参见 J. 格林《自传，1928—1939 年》，1939 年版。

经症患者也深有体会，但一般的常人却根本没有意识到它，因为它太恐怖了。它被掩盖了，掩盖在日复一日的固定活动中，掩盖在他于私人或社会关系中得到的肯定与认可中，掩盖在事业成功中，掩盖在任何一种分散这方面注意力的方式中，掩盖在“娱乐”、“社交”、“升迁”中。但在黑暗中呼喊并不能带来光明，孤独、恐惧及困惑依然存在。人再也支撑不住了，人们无法继续承受“摆脱束缚、获得自由”带来的负担，他们必须全力逃避自由，除非能化被动自由为主动自由。我们这个时代逃避自由的主要社会途径在法西斯国家里是臣服于一位领袖，在我们自己的民主政治里则是强制性的千篇一律。在我们探讨这两种逃避的社会方式之前，我必须请读者先与我一起讨论一下这些心理逃避机制的复杂性。我们在前面的章节里已涉及到这些机制，但为了充分认识法西斯主义的心理意义及现代民主中人的自动化趋势，就不但有必要从宏观上认识心理现象，而且有必要从微观上认识它们详尽而具体的功能。这似乎有点离题，但实际上却正是我们整个讨论的有机组成部分之一。正如只有在社会和文化背景下才能恰当地认识心理问题，同样，只有了解了心理机制的基本知识，才能认识社会现象。下一章即欲分析这些机制，揭示个人心理究竟发生了什么，并试图表明在努力逃避孤独与无能为力感时，我们是如何或通过臣服于新式权威或通过强迫接受公认的模式，随时准备除掉个人自我的。

第五章　逃避机制

我们已讨论到现代，并将开始讨论法西斯主义的心理意义及在权威制度下和在我们自己的民主政治下自由的含义。然而，由于整个论证的真实性是依赖于心理前提的真实性的，所以，似乎有必要打断一下总体思路，专辟一章更加详细具体地讨论一下那些心理机制，我们前面已接触到它们，下面还将继续对之进行探讨。之所以要详细讨论这些前提，是因为它们建立在这样一些概念的基础之上：这些概念涉及的是潜意识的东西，并且通过理性化和性格特质表示出来，许多读者即便对这些概念不陌生，至少也需要详细解释才能够理解。

在本章，我将有意识地提及个人心理及用心理分析方法对个人的详细研究而得出的观察结果。尽管心理分析并未恪守多年来学院派心理学的理想，即采用近似于自然科学的实验方法，但它仍然完全是一种经验方法，它以大量观察个人所不为人知的思想、梦及幻想为基础。只有利用潜意识力量概念的心理学，在分析一个个人或一种文化时才能深入错综复杂的已被理性化了的现象内部。人们总**相信**自己行为的动机必然就是通常意识到的那些驱使他们去行动、感觉并思考的动机，如果我们决定放弃这种想法，许多看似无法解决的问题立即就不复存在了。

许多读者会产生疑问，通过对个人的观察所获得的发现是否能够应用于对群体的心理认识。我们的回答是完全肯定的。任何群体都由个人组成，而且只能由个人组成，因此群体的心理运行机制便只能是个人的心理运行机制。把研究个人心理作为认识理解社会心理的基础，有点类似于在显微镜下研究某个物体，能使我们发现更大规模的社会进程中心理机制的详尽细节。如果社会心理现象不以对个人行为的详细研究为基础，它便缺乏经验特征，因而便无真实性可言了。

但是，即使承认研究个人行为有如此意义，人们可能还有疑问，对神经症患者的个案研究是否有助于思考社会心理问题。我们再次确信答案是肯定的。原则上，我们从神经症患者身上观察到的现象与从常人身上看到的现象并无不同。只是这些现象在神经症患者身上表现得更突出、更明显，这些人对这些现象更敏感，一般常人则没意识到。这正是要研究的问题。

为了使这个问题更清晰些，似乎有必要简单讨论一下神经症和常态（即健康）的概念。

常态（即健康）这个词可用两种方式来定义。首先，从功能社会的观点看，如果一个人圆满完成了他在既定社会中所要扮演的角色，便可称为常人或健康人。再具体点说，也就是他能够按照那个特定社会的时尚要求去工作，不仅如此，他还能够参与社会的再生产，即能够组建供养一个家庭。其次，从个人角度看，我们认为健康或常态就是有一个最适合个人成长的、幸福的环境。

如果一个既定社会的结构能够为个人幸福提供可能的环境，这两种角度便相吻合了。但是，包括我们的社会在内的绝大多数社会都不是这样的。虽然它们在不同程度上都以促进个人成长为目的，但在社会确保顺畅的功能与个人充分发展的目的之间仍存在着矛盾冲突。正因如此，我们才有必要严格区分这两种健康概念，前者从社会必要性角度出发，后者则从事关个人存在的价值及规范角度出发。

不幸的是，人们常常忽视了这种区分。大多数心理学家想当然地认可他们自己所在社会的结构，认为那些与社会不合拍的人就是没有价值的不健康者。另一方面，与社会合拍者则被认为更有价值、更合乎人类的价值尺度。如果我们区分常态与神经症两个概念，就会得出如下结论：一个所谓能适应社会的正常人远不如一个所谓人类价值角度上的神经症患者健康。前者很好地适应社会，其代价是放弃自我，以便成为别人期望的样子。所有真正的个体性与自发性可能都丧失了。相反，神经症患者则可以被视为在争夺自我的战斗中不准备彻底投降的人。可以肯定，他挽救个人自我的企图并未成功，他并未良好有效地表达自我，相反，却借神经症症状和幻想生活寻求拯救。不过，从人类的价值角度来看，他要比那些完全丧失了个体性的常人更健全些。毋庸置疑，在适应社会的过程中有人既没变成神经症患者也未丧失个体性。但是，对我们而言，神经症患者的污名似乎并无根据，只有从社会功能角度出发它才能成立。就整个社会而言，神经症一词并不适于这后一种意义，因为如果社会成员不履行社会职责，那么社会就不能存在。然而，从人类价值角度来看，从社会成员在其人格发展过程中被弄得不健全的意义上讲，可以称社会为病态社会。由于神经症一词通常指代缺少社会功能，所以我们尽量避免用神经症一词来评述一个社会，而说它忽视人的幸福与自我实现。

本章要讨论的机制就是逃避机制，它源于孤立个人的不安全感。

一旦赋予个人以安全的始发纽带被切断，一旦个人面对着与自己完全分离、自成一体的外在世界，他就面临两种抉择，因为他必须克服难以忍受的无能为力和孤独状态。道路之一是沿“积极自由”前进；他能够自发地在爱与劳动中与世界相连，能够在真正表达自己的情感、感觉与思想中与世界相连；他又能成为一个与人、自然、自己相连的人，且用不着放弃个人自我的独立与完整。另一条道路是退缩，放弃自由，试图通过消弭个人自我与社会之间的鸿沟的方式来克服孤独。这个第二条道路永远不会再把他与世界融为一体，永远也达不到他作为“个人”出现之前的那种状态，事实是，一旦分离，便不能再返回。这是一种摆脱难以忍受之境地的逃避，如果这种境地继续下去，生活将是不可能的。因此，像逃避任何一种恐惧一样，这种逃避便具有强迫特征。它多少还带有完全放弃个体性及自我完整的特征。所以，它并非一个解决办法，不能带来幸福与积极自由。原则上讲，它是一种见诸所有神经症现象中的一种解决方式。它缓解了无法忍受的焦虑，避免了恐惧，使生活成为可能。但它并未解决根本问题，所谓的生活常常只是些机械的强迫活动。

有些逃避机制的社会意义相对较小，它们只有在个人患有严重的精神和情感障碍时才体现出来。本章则只讨论那些有文化意义以及那些对社会现象的心理分析来说是必要前提的机制。我们将在后面的章节中涉及这些社会现象，一是法西斯制度，一是现代民主。①

（一）权威主义

我要讨论的第一种逃避自由的机制是，放弃个人自我的独立倾向，欲使自我与自身之外的某人或某物合为一体，以便获得个人自我所缺乏的力量。或者换句话说，欲寻找一个新的“继发纽带”，以代替已失去的始发

① K. 霍尼在她的“神经症倾向”（《精神分析新方法》）一文中已从另一个角度得出了一个与我的“逃避机制”有些相似的概念。这两个概念的主要区别在于：神经症倾向是个人神经症患者的驱动力，而逃避机制是常人的驱动力。不仅如此，霍尼强调的主要是焦虑，而我的着眼点在于个人的孤立。

纽带。

这种机制的更明确的形式在于渴望臣服或主宰，即我们所说的受虐–施虐冲动，它们程度不同地存在于常人及神经症患者身上。我们将先描述一下这些倾向，然后再表明它们都是对无法忍受的孤独的一种逃避。

受虐冲动最常见的方式表现为深感自卑、无能为力、个人的微不足道。对受这些情感困扰的人的分析表明，虽然他们主观意识上抱怨这些情感并想除掉它们，然而潜意识里却有些力量主动驱使他们感到自卑或觉得微不足道。他们的情感不仅仅是缺点与弱点的现实化（尽管它们常常被理性化了，好像真的只是这些）。这些人有一种倾向，贬低自己，自甘懦弱，不敢主宰事物。这些人非常有规律地表现为极度依赖于自身之外的权力、他人、机构组织或自然。他们不敢伸张自我，不去做想做的事，而是臣服于事实上或假想的这些外在力量的命令。他们常常无法体验“我想”或“我是”的情感。总的说来，他们觉得生活整个就是某种强大无比的东西，根本无法主宰或控制。

在很多更加极端的例子中，除贬低自己和臣服于外在力量外，还有一种伤害自己、使自己受苦的倾向。

这种倾向的形式各异。我们发现，有人沉溺于自我怪罪和自我批判，其程度即使是他们的死敌也鲜能望其项背。另一些人，比如某些强迫性神经症患者，就有用某些强迫仪式和思想自我折磨的倾向。我们发现，在某种类型的神经症人格中，有一种变成生理疾病的倾向，他们有意识或无意识地期待着一种疾病，仿佛那是神赐的礼物。他们经常尝尝偶然事件的苦头，要不是潜意识倾向在引导作怪的话，这些事件根本就不会发生。这些针对自己的倾向常常以不太引人注目的形式表现出来。例如，有些人在考试时回答不上来问题，其实他知道得很清楚，无论在考试时还是在事后，这些问题本都难不住他们的。另有一些人说伤害所爱的人或所依赖的人的话，尽管实际上他们对这些人很友好，也并不想这么说。这些人似乎在听从敌人的劝告，故意这么做，以最大限度地伤害自己。

受虐倾向很明显常常是病态的和非理性的，但却更经常地以理性化的方式表现出来。受虐依赖被视为爱或者忠诚，自卑感则常常是实际缺点的表现，而受苦受难则完全是因为无法改变的环境。

除这些受虐倾向外，还有与之对立的**施虐**倾向，它们也存在于同一种性格的人身上。虽然它们的程度不同，或被意识到或不被意识到，但绝不会没有。我们发现有三种施虐倾向，它们或多或少地纠缠在一起。一是让别人依赖自己，以绝对无限的权力统治他们，以便让他们仅仅成为自己手中的工具，像“陶工手中的泥土”；二是不但有以这种绝对方式统治别人的冲动，而且还要剥削、利用、偷窃、蚕食别人，把别人吸净榨干，不但包括物质，而且还包括情感与智慧之类的精神方面；第三种施虐倾向是希望使别人受磨难，或看别人受磨难。磨难也可能是肉体上的，但多数是精神上的折磨。其目的是主动伤害、羞辱他们，让他们难堪，要看他们狼狈不堪的窘相。

出于明显的原因，施虐倾向常常不很明显，由于它比受虐倾向的社会危害更大，因而被理性化的程度也更高。人们常常用对他人的过分友善、过分关心来掩盖施虐倾向。一些最常见的推理是：“我统治你是因为我知道什么是对你最好的，为了你自己的利益，你就必须绝对服从我。”还有，“我是如此伟大，如此不凡，所以我有权力期望他人依赖我。”另外一个经常用来掩盖剥削倾向的推理是：“我已为你付出了很多，现在我有权力从你那里得到我想要的一切。”更具攻击性的那类施虐倾向有两种最常见的借口：“我已受到别人的伤害，我想伤害他们，这不过是以牙还牙。”“我先发制人，只不过为了自卫或使我的朋友免受伤害。”

人们常常忽视了施虐者与其施虐对象关系之间的一个方面，这里有必要专门加以强调，即，他依赖于施虐对象。

由于受虐者的依赖性是显而易见的，所以我们期望施虐者应是另外一个样子：他似乎强大无比，完全统治了受虐者，受虐者则怯弱臣服。所以很难想象强大的一方怎么会依赖于他所统治的一方。不过，深入的分析却表明这确实是事实。施虐者需要他所统治的人，而且是非常需要，因为他的力量感是植根于统治他人这个事实的。这种依赖有可能完全是潜意识的。故此，比如，一个男人可能会极恶劣地虐待妻子，并反复告诉她可以随时离开家庭，那样他会非常高兴。她常常被吓住了，根本不敢试一试；而且他们都将继续相信男人说的是真的。但如果她鼓足勇气宣布要离开，某些始料未及的事就会发生在他们两人身上：男人会绝望，立刻软下来，哀求她不要离开，他会说离开她他将无法活下去，会信誓旦旦地说他是多么爱她等等；女人由于不敢主张自我，就会容易相信他，改变主意答应留下来。此刻游戏又重新开始了。男人仍循旧习不改，女人则发现越来越难与他共处，遂再次爆发，男人再次服软，女人又留下来，如此周而复始，循环往复。

这种怪圈循环往复地存在于不计其数的婚姻及其他人际关系中，从未被打破过。在他说是多么的爱她，离开她便无法活下去时，他是否在撒谎？就爱而言，它完全取决于一个人所说的爱的含义是什么。就他所说的离开她他就活不下去而言，这完全是真的，当然不能从字面上理解。离开她他当然没法活，或者至少离开某个他人他就没法活，这是由于他觉得他人是自己手中无助的工具。在这种情况下，只有当关系受到解体的威胁时，爱的情感才出现；还有一些情况下，施虐者非常明显地“爱”那些使他感受到自己的权力的人。无论对自己的妻子、子女、助手、侍者，还是对沿街乞食的乞丐，他都有一种“爱”的情感，甚至因自己能统治这些人而对他们感激涕零。他会认为他想主宰他们的生活，是因为他太爱他们了。**实际上，他“爱”他们是因为他主宰了他们。**他用物质手段贿赂他们，赞扬他们，信誓旦旦地表白对他们的爱，向他们要小聪明，假装关心他们。他可能给他们任何东西，但有一样除外，即，自由与独立的权利。这种情况最常见于父母与子女的关系中。在那里，统治和占有观念常被对孩子看似“天然”的关心或保护感所掩盖。孩子被关进一个金笼子里，只要他不想离开，就可以得到任何东西。结果常是孩子长大时对爱有一种复杂的恐惧，因为“爱”对他来说，意味着被束缚，意味着不准他自己寻求自由。

许多人觉得受虐比施虐更令人费解。他们认为，一个人想伤害或统治他人虽未必“善”，但却是很自然的。霍布斯认为：“贪得无厌地追求权力是所有人类的普遍倾向，至死方休。[①]”对他而言，贪求权力并无什么罪恶性质，而完全是人渴求欢乐和安全的理性结果。从霍布斯到希特勒，他们都把统治欲解释为生物上适者生存斗争的逻辑结果，把权力欲视为人性的一部分，认为这是显而易见的事实，根本用不着解释。然而，针对自我的受虐倾向似乎是个谜。如何理解人们不但想贬低、伤害自己，自甘懦弱，而且以此为乐？受虐现象难道不与追求欢乐和自我保存的整个人类心理景象相冲突吗？怎能解释有些人为我们竭力避免的痛苦和磨难所吸引，并甘愿尝试尝试？

然而，有一种现象证明苦难和软弱**能够**是人类冲动的目的，这就是**受**

---

① 参见霍布斯《利维坦》，1951 年版，第 47 页。

虐倒错。我们发现，人们非常清醒地想受某种方式的苦难，并以此为乐。处于受虐倒错状态下的人，在体验别人加给他的痛苦时就会有性快感。但这并非受虐倒错的惟一表现形式。真正的痛苦折磨常常并非目的所在，由无助和软弱等肉体束缚引发的兴奋与满足才是目的。受虐倒错想得到的常常是在“精神上”被软弱化，想被视为一个孩子，或受到种种不同方式的责备和羞辱。我们发现，在施虐倒错中，满足源于与其相应的方式，即，通过伤害他人的肉体，用绳子或链子把他人捆起来，或用行为或语言羞辱他人。

由于受虐倒错有意识自觉地从痛苦或羞辱中获取快乐，所以它比受虐性格（或精神受虐）更早地吸引了心理学家和作家的注意力。但是，人们越来越认识到我们所描述的第一种受虐倾向与性倒错很相似，这两种受虐形式基本是同一现象。

某些心理学家认为，既然有人想臣服想受苦，就必然有一种以此为目的的“本能”存在。像费尔坎特（Vierkand）之类的社会学家也得出了与此相同的结论。弗洛伊德是第一位试图从理论上对此详加解释的人。起初，他认为施虐–受虐狂基本上是一种性现象。通过观察小孩子的施虐–受虐行为，他提出施虐–受虐倾向是性本能发展过程中有规则地出现的“局部动力”。他相信，成人身上的施虐–受虐倾向是由于人的性心理发展固着于早年阶段，或后来又退回早年阶段。后来，弗洛伊德越来越意识到那些所谓的精神受虐现象——即在精神上而非肉体上甘愿受苦——的重要性。他还强调指出，尽管看似矛盾，受虐和施虐倾向总是连在一起的。但是，他改变了对受虐现象的理论解释。他认为人有一种生物上的本能倾向，想毁坏他人或自己，据此他认为受虐倾向基本上是这种所谓死亡本能的结果。他还进一步表明，我们无法直接观察到这种死亡本能，它和性本能混杂在一起，如果它针对个人自己，就表现为受虐，如果它针对他人，则表现为施虐。他认为，如果死亡本能不与性本能混合，就会给人带来危害，正是这种混合保护了人，使之免受危害。简而言之，在弗洛伊德看来，如果人没能够将毁坏欲与性混合起来的话，就只能毁坏自己或他人，别无其他选择。这种理论与弗洛伊德原先持有的关于施虐–受虐的理论是根本不同的。施虐–受虐在旧理论中基本是一种性现象，而在新理论中则根本不是一种性现象，其中的性成分仅仅由于死亡本能与性本能混合在一起而存在。

尽管弗洛伊德很多年来并未注意非性欲型的侵犯现象，阿尔弗雷德·阿德勒却把我们这里讨论的倾向作为自己体系的中心。不过他没将这作为施虐–受虐来看待，而是把它作为“自卑感”和“权力欲”来看待。阿德勒只看到了这种现象的理性方面。我们认为贬低自己、自甘渺小是一种非理性倾向，而他认为自卑感不过是对生理方面的卑劣或孩子的无助等实际卑劣的合理反应。我们认为，权力欲是统治他人的非理性冲动的体现，而阿德勒则完全从理性方面看待它，认为权力欲具有保护功能，是一种使自己免受由不安全和卑劣带来的危险伤害的合理反应。阿德勒的视线总是越不出人行为的目的和理性决定论；尽管他对认识动机的复杂性贡献甚大，但他一直留于表面，未能像弗洛伊德那样深入非理性冲动的迷宫内部。

精神分析学家中与弗洛伊德的观点相异的人有 W. 赖希①、K. 霍尼②和我③。

---

① 《性格分析》，1933 年版。

② 《焦虑的现代人》(又作《我们时代的神经症人格》)，1936 年版。

③ “关于权威的心理学”，载于 M. 霍克海默尔编《权威和家庭》一书，1936 年版。

虽然赖希的观点是以弗洛伊德最初的里比多理论概念为基础的，但他指出，受虐者最终目的在于寻求快乐，所受的痛苦只是一个副产品，并非目的本身。霍尼首先认识到受虐冲动在神经症人格中的根本作用，她全面详细地描述了受虐性格特质，在理论上把它们解释为整个性格结构的结果。她同我一样认为受虐性格特质并不植根于性倒错，性倒错是固着于某种特定性格结构中的心理倾向的体现。

现在到了主要问题了：受虐倒错与受虐性格特质的根源分别是什么？不仅如此，受虐与施虐冲动的共同根源又是什么？

答案的方向所在早在本章之初便已有所体现。受虐和施虐冲动都欲帮助个人摆脱难以忍受的孤独和无能为力感。通过对受虐者的心理分析及其他经验观察，有显著的证据（限于本书范围，我无法引证）表明，他们恐惧孤独和自己的微不足道。他们在主观上经常意识不到这种情感，常常掩盖在卓然超群和完美之类的补偿性情感中。然而，只要深入这种人的潜意识领域，就会准确无误地发现这些情感。个人发现自己在消极意义上是“自由的”，也就是说，孤独一人面对一个被异化了的敌对世界。用陀思妥耶夫斯基的《卡拉马佐夫兄弟》中的一句话来说，在这种形势下，“最迫切的需要是找到一个可以投降的人，尽快地把他这个不幸的受造物与生俱来的自由交给那个人”。惊恐的个人寻求某人或某物，将自己与之相连，他再也无法忍受他自己的个人自我，疯狂地企图除掉它，通过除掉这个负担——自我，重新感到安全。

受虐冲动便是实现这个目标的方式之一。受虐冲动的方式各异，但其目的只有一个：**除掉个人自我，失去自我**，换句话说，就是要**除掉自由的负担**。这是那些有受虐冲动者显而易见的目的，其中个人寻求一个他觉得强大无比的人或权力并臣服之。（顺便提一下，我们应该相对地理解这种对他人的强大力量的确信。它可能以另一个人的真实力量为基础，也可能以确信自己完全微不足道和无能为力为基础。在后一种情况，即使一只老鼠或一片树叶都可能具有令人恐惧的特征。）其他形式的受虐冲动目的也一样。我们发现，在自觉渺小的受虐情感中，有一种促使原始的微不足道感增大的倾向。这该怎么理解？能否认为加深恐惧是想消除它？确实，这正是受虐者所做的。只要我欲独立和强大的欲望在同我的微不足道感和无能为力感斗争，我就陷入一种令人备受折磨的冲突中。如果我成功地把我的个人自我贬得什么也不是，如果我能克服意识到我是个单独的个人的念头，我就会把自我从这种冲突中拯救出来。实现这个目的的方式之一是完全觉得自己渺小与无助，沉湎于痛苦之中是另一种，如醉如狂是第三种。如果所有其他方法都用遍，却仍不能使之摆脱孤独的重负，幻想自杀便是最后的一根救命稻草了。

在某些情况下，这些受虐冲动是相对成功的。如果个人找到了满足这些受虐冲动的文化模式（如法西斯意识形态中的臣服于“领袖”），发现自己与数百万有同样情感的人连为一体，他就会获得某种安全感。不过，即使在这些情况下，这种受虐冲动的“解决方式”也比神经症现象强不了多少；个人解除了明显的痛苦，但并没有除掉根本的冲突与悄无声息的不幸福。一旦受虐冲动找不到一个文化模式，或者一旦其量度超过了个人所在社会群体受虐倾向的平均值，这种解决受虐冲动的方式甚至根本没任何作用。它滋长于一种无法忍受的境地，个人要克服它，又会陷入新的痛苦境地。如果人的行为总是理性化和目的化的，总的来说受虐狂就会像神经症现象那样难以解释了。然而，情感与精神障碍研究告诉我们，人行为的冲动是由焦虑或其他某种难以忍受的思想状态引起的，这些冲动意在克服这种情感状态，但却只是掩盖了它最显而易见的症状，甚至连这些都未能掩盖。神经症症状类似于恐慌中的非理性行为。就像一个被大火围困的人，站在自己房子的窗前大呼救命，却完全忘了没人听得见他的呼喊，而且可以在楼梯为大火吞没之前的几分钟，顺楼梯逃出。他呼叫是因为他想让别人来救他，那一刻这种行为似乎是被救道路上的一步，但其结果却是不折不扣的灾难。同样，受虐冲动也是由除掉个人自我连同其所有缺点、冲突、风险、怀疑和难以忍受的孤独的欲望所引起的。但是，它驱走了最引人注目的痛苦，却可能导致更大的痛苦。同所有其他神经症症状一样，受虐冲动的非理性在于他采用的解决难以忍受之情感困境的办法根本无用。

这些考察触及神经症与理性行为间的一个重要的不同之处。在后一种情况下，行为的**结果**与**动机**是一致的，行为的目的在于得到一定的结果。在神经症冲动中，行为源于一种基本上带有负面特征的强迫欲望，即，要逃避难以忍受的境地。朝向这个方向的冲动只是一种虚假的解决方式。实际上，结果恰恰与意愿相反，除掉难以忍受的情感的强迫欲望是那么强烈，以至于个人不能选择一个并非虚假意义上的解决方法。

对受虐狂来说，这意味着个人受一种难以忍受的孤独与微不足道感的驱使。于是他试图通过除掉自我（是心理，而非肉体意义上的）来克服这种情感，他实现这个目的的方式是贬低自己、伤害自己，使自己完全微不足道。但他并不想要痛苦与磨难，它们是他强迫性地想要达到目的所付出的代价。然而代价是昂贵的。他像一个债奴，越付越多，而债台却越来越高，根本得不到想要的东西——内心的和平与安宁。

我已说过受虐倒错，因为它毫无疑问地证明受苦也可能是某种要追求的东西。然而，受苦在受虐倒错和精神受虐中都不是真目的，而是达到目的的一种手段，真正的目的在于忘掉自我。倒错与受虐性格特质之间的主要区别在于：在倒错中，除掉自我的倾向以身体为媒介表现出来，并与性情感相连；而在精神受虐中，受虐倾向攫取了整个人，并有摧毁自我主观意识上欲达到的所有目的之势。倒错中的受虐冲动多少被限定在肉体范围内，不仅如此，由于与性相混合，它们参与缓解性紧张方面的活动，因而能直接得到缓解。

消灭自我，并进而试图克服无法忍受的无能为力感，这只是受虐冲动的一个方面。它的另一面是企图成为自己之外的一个更大更强的整体的一部分，融入它并分享它。这个权力可以是人、机构组织、上帝、国家、良心或心理强制。由于成为一个权力的一部分，他便有种无法动摇的强大、永恒及兴奋感，他分享了它的力量与荣耀。他交出了自我并放弃了所有与之相连的力量与自豪，他不再是个完整的个人，他献出了自由；但在他与之相融合的权力中，他获得了新的安全与自豪。他也获得了避免被怀疑所折磨的安全屏障。受虐者，无论其主人是自己之外的权威，还是内在化的良心或心理强制，都成功逃避了做决定，为自己的命运承担最终责任，也不必再为做任何决策而困惑。他再也用不着怀疑自己生命的意义或“他”是谁，他得救了。这些问题由他与他所依附的权力的关系来回答。他的自我消失在一个更强大的整体之中，他的生命意义及自我的个性便由它决定。

受虐纽带与始发纽带有根本区别。后者是指那些个体化过程完成之前就已存在的纽带。个人仍然是“他的”自然及社会世界的一部分，尚未完全从他的环境中脱颖而出。始发纽带给他真正的安全，让他知道自己归属于何处。受虐纽带是逃避。个人自我是出现了，但未能实现他的自由，巨大的焦虑、怀疑和无能为力感将它淹没了。个人企图在“继发纽带”，也就是我们所说的受虐纽带中寻求安全，但这种企图永远不能成功。个人自我一旦出现就无法返回，主观意识上，个人可能觉得安全，似乎也“有所归属”，但在根本上他仍是一个淹没在自我之中苦苦挣扎的一个无力的原子。他与他所依附的权力从未合为一体，他仍有着深深的痛苦，除此之外还有一种克服受虐依赖获得自由的冲动在困扰着他，哪怕他根本没意识到。

那么施虐冲动的本质为何？同样，其本质并非是折磨他人，使之痛苦的欲望。我们能观察到的施虐狂的所有不同形式都可以归结为一个根本冲动，即，完全主宰另一个人，使之成为我们意志的无助玩偶，成为他的绝对主宰，成为他的上帝，可任意玩弄他。羞辱与奴役只是实现这个目的的手段，最激进的目的是让他受苦，强迫他忍受苦难，但却无法自卫，因为没有比折磨他、使他受苦更能体现权力的伟大的了。从完全主宰另一个人（或其他有生命体）中获得乐趣恰恰就是施虐冲动的本质。①

这种使自己完全成为另一个人主宰的倾向似乎与受虐倾向完全相反，更令人惊异的是，这两种倾向竟能紧密地交织在一起。毫无疑问，就其现实结果而言，依赖欲与受苦欲恰恰与统治欲和使别人受苦的欲望相反。然而，从心理角度看，这两种倾向都是同一基本需要的结果，即源于摆脱无法忍受的孤立与自我的软弱性之需要。我建议把深藏于施虐和受虐基础内

---

① M. 德·萨德认为主宰特性就是施虐狂的本质，他在《朱利特二世》(*Juliette* Ⅱ)(G. 戈尔引自 M. 德·萨德）中说：“你想让你的同伴感觉到的并非欢乐，而是为了给他制造印象。人知道痛苦比欢乐给人印象更深刻。人利用痛苦并得到满足。”……戈尔在分析德·萨德的著作时，把施虐狂定义为“观察者制造一个外部世界并观察其中动静时产生的欢乐。”这种定义比其他心理学家都更接近我的施虐定义。然而，我觉得戈尔把施虐狂等同于感受到主宰或产生效果时的欢乐，是错误的。施虐主宰的特点是，施虐者欲把施虐对象变成手中的一个无意志的工具，而一般人在影响他人时产生的非施虐性快乐则尊重他人的完整，并以平等感为基础。施虐狂在戈尔的定义中失去了特殊性，使之等同于任何一种有效果的东西。

部的目的称为共生（symbiosis）。在这种心理学意义上，共生指一个个人自我与另一个自我合为一体（或自身之外的任何一个其他权力），双方都失去自我的完整性，完全相互依靠。施虐者像受虐者一样需要他的对象。只有用被吞食代替寻求安全，他才能通过吞掉别人获得安全。个人自我的完整在这两种情况下全都丧失了。一种情况是我把自己消解在一个外在的权力中，我失掉了自我。另一种情况是，使别人成为自我的一部分，扩大自我，并获得独立的自我所缺乏的力量。促使自我与他人进入共生关系的动力总是个人自我无法忍受孤独。据此，显然可以明了为什么受虐与施虐倾向总是纠缠在一起。虽然表面看来它们是对立的，但在本质上却是源于共同的基本需求的。人并非受虐狂或施虐狂，而是时常摇摆于共生情结的积极与消极面之间，所以很难确定某一时刻究竟是哪一面在起作用。个体性和自由在这两种情况下全都丧失了。

说到施虐狂，我们常把它与破坏欲与敌视相连。确实，破坏欲多少总是与施虐倾向连在一起。但受虐狂也是如此，对受虐特质的每例分析都表明了这种敌视。主要区别似乎在于，施虐中的敌视常常更有意地直接表现在行动上的，而在受虐中，它大都不自觉地间接表现出来。后面我将力图表明，破坏欲是个人的感觉、情感及思想膨胀受挫的结果，因此它与共生需求是同一境况的结果。这里我想强调的是，施虐狂并不等同于破坏欲，尽管二者在很大程度上混在一起。有破坏欲的人想毁坏其目标，也就是说，欲收拾它并除掉它。而施虐者则是想主宰其目标，如果目标消失，他便感到痛苦。

施虐狂这个词的破坏欲意味相对较小，还夹杂着对其目标的一种友谊之情。巴尔扎克在《幻灭》中经典性地表述了施虐狂的这种“爱”，他还揭示了所谓共生需求的特性。巴尔扎克在这篇小说中描述了年轻人吕西安与那位装模作样的教士，即那位巴尼奥的囚犯之间的关系。在他结识了这位试图自杀的年轻人后不久，神甫说："这个年轻人与刚刚死去的那位诗人无任何共同之处。我救了你，赋予你生命，你属于我，像万物之于造物主，像东方神话里的妖精（ifrit）之于精神（spirit），肉体之于灵魂。我要用强大的双手使你在通往权力的道路上勇往直前。不过，我保证你的生命充满欢乐和荣耀，满是鲜花和美酒。你将永远不缺钱花，你将才气逼人、聪明绝顶。而我则蹲在泥地上打根基，确保你辉煌的成功，我为权力而爱权力。我将永远分享你的欢乐幸福，尽管我不得不谴责它们。简单地说：我要与你成为一个人。……我将爱我的造物，塑造他，让他为我服务，像父亲爱孩子那样爱他。我亲爱的孩子，我将与你并驶在你的提尔堡，会为你征服女人而高兴。我已制造了这个德·吕庞泼莱侯爵，让他跻身贵族之列，他的成功是我的成果。他沉默不语，用我的声音说话，他事事听从我的教导。"

施虐-受虐狂常常被与爱混为一谈，这种现象并不仅仅限于普通用法中。受虐现象尤其被视为表达爱的一种方式。为了另一个人完全否定自我，并把自己的权利与主张完全交给他，这被视为"伟大的爱"的典型，为人所颂扬。似乎除牺牲和为所爱的人欣然放弃自我外再没有能证明"爱"的更好证据了。实际上，在这些情况下，"爱"基本是一种受虐渴望，其根源在于对介入之人的共生需求。如果我们所说的爱是指热烈地肯定某个人的本质，积极主动地与之建立关系，如果爱是两个人在各自独立与完整基础上的结合，那么受虐狂与爱就是截然相反的。爱是以平等与自由为基础的。如果以其中一方的臣服与完整性的丧失为基础，不管其关系多么理性化，都是受虐依赖。施虐狂也常常以爱为伪装。如果某人声称是为了另一个人自己的目的才去统治他的话，统治另一个人似乎常是爱的表示，但其根本原因在于享受统治的快乐。

此时许多读者的脑海中或许早已生出了另一个疑问：照我们这里所描述的，施虐狂岂不与渴求权力并无二致了吗？答案是：虽然那些意在伤害与折磨另一个人的破坏性更大的施虐狂并不必然渴求权力，但后者却是施虐狂最最显著的表现方式。今天这个问题又多了一层含义。从霍布斯开始，人们就看到权力成了人类行为的基本动机，随后的几个世纪里，法律与道德的地位越来越高，大有限制权力之势。随法西斯主义的兴起，渴求权力、坚信其正当性的势头达到了巅峰。数以百万人为权力的胜利所震撼，并把它视为力量的标志。确实，在纯物质意义上对人民行使权力是优势力量的体现之一。如果我对另一个人有生杀予夺的大权，我就比他“强大”得多。但从心理学角度来看，**渴求权力并不植根于力量而是植根于软弱**。它是个人自我无法独自一人生活下去的体现，是缺乏真正的力量时欲得到额外力量的垂死挣扎。

“权力”一词有两层含义。一是有权力**统治**某人，有统治他的能力；二是有权力做某事，指能够做，有能力。后一种含义与统治无关，它指的是能力意义上的胜任。我们所说的无能为力就是这个意思，我们说一个人无能为力并非指他不能够统治他人，而是指他不能够做自己想做的事。故权力可能指**统治**与**有能**（potency）之中的一个。二者的性质不仅不相同，而且是相互排斥的。无能一词不但指性功能方面，而且还包括人类潜能的方方面面，其结果可以是渴求统治的施虐冲动。个人只要在自我的自由与完整基础之上，能够实现自己的潜能，他就是有能的，就用不着想去统治，就缺乏渴求权力的欲望，从统治的意义上讲，权力就是有能的倒错，恰如性虐待狂就是性爱的倒错。

人人身上可能都有施虐与受虐特质。整个人格受这些特质主宰的那些个人是一个极端，那些施虐-受虐特质不很显著的个人又是另一端。只有在讨论前者时，才可以说施虐-受虐性格。“性格”一词在这里是弗洛伊德所说的动态意义上的性格。它并非指一种行为模式特征的总和，而是指激发行为的主导驱动力。由于弗洛伊德认为性是根本的驱动力，他便形成了“口唇性格”、“肛门性格”或“生殖性格”等概念。如果同意这种假设的话，便不得不设定不同类型的性格。某人的性格受驱动力的主宰，但却未必能意识到它们。某人可能完全受施虐冲动的控制，但却自认为他只不过是受义务感的驱使。他甚至可能不会有任何公开的施虐行动，而是把施虐冲动深深地压抑住，使自己在表面上与非施虐者一样。不过，只要深入分析他的行为、幻想、梦和姿态，就会表明施虐冲动正在他人格的深处肆虐。

虽然施虐-受虐冲动占主导地位的人的性格可以称之为施虐-受虐性格，但这类人并非必然就是神经症患者。它在很大程度上取决于人在社会环境中所要完成的特殊任务，还取决于在其文化所呈现的情感及行为模式中，某种特定性格结构是否是“神经症的”或“正常的”。事实上，大部分德国及欧洲其他国家的下层中产阶级的典型性格就是施虐-受虐性格，后面还将表明，纳粹意识形态吸引的正是有这类性格结构特征的人。由于人们把“施虐-受虐”一词与倒错及神经症相提并论，所以，我更乐意把常人而非神经症患者身上的施虐-受虐性格称为**权威主义性格**。因为施虐-受虐者的特征总是指对权威的态度，所以用这个术语是正确的。他羡慕权威，并欲臣服于它，但同时又想自己成为一个权威，要别人臣服于他。这是选用这个词的另一个原因。法西斯制度自称是权威主义制度，是因为权威在其社会政治结构中占主导地位。“权威主义性格”代表了构成法西斯主义的人性基础的人格结构，这正是我们使用它的含义所在。

在继续讨论权威性格之前，必须先澄清一下“权威”这一概念。权威并非像拥有财产或具有某种肉体特征那样是人所“拥有”的某种特性，而是指人际关系方面，是一个人把另一个人看作比他有优势。但是，优劣关系的权威与另外一种权威之间是有根本区别的，前者可称之为合理性权威，后者为抑制性权威（inhibiting authority）。

我们可用一个例子来阐明我们的想法。老师与学生、奴隶主与奴隶之间的关系都是以优劣关系为基础的。老师与学生的利益是相一致的，如果老师教育有方，学生取得了进步，老师便满意了；如果没能达到目的，失败的不但是老师，也是学生。另一种情况下，奴隶主想尽最大可能剥削奴隶；他从奴隶身上榨取得越多，就越满足；同时，奴隶却竭尽全力设法捍卫自己的要求，以便获取一点点幸福。二者的利益是截然相反的，其中一方的利益就是另一方的灾难与痛苦。在这两种情况下，权威的功能是不同的，就前者而言，它是为依附于权威的人提供帮助的条件，就后者而言，它是剥削的条件。

权威的动力在这两种类型中也是不同的：学生学得越多，他与老师之间的差距就越小，也就越来越像老师，换言之，权威关系就趋于自我解体。但一旦优势成为剥削的基础，随岁月的流逝，二者之间的距离会越来越大。

这两种权威的心理态势也不尽相同。在第一种情况下，充满着爱、敬佩和感激。权威同时就是一个榜样，是自我欲与之部分或全部等同的东西。在第二种情况里面，充满了对剥削者的憎恨与敌视，臣服的是与自己利益相左的人。但就奴隶而言，这种仇恨常常只能导致冲突，只能使奴隶受苦受难，根本没有赢的机会。因此，奴隶常常压抑这种仇恨，甚至有时用一种盲目的崇拜之情取代它。这有两种功用：（1）驱走痛苦又危险的仇恨感；（2）减缓耻辱感。如果统治我的人是如此伟大或完美，那么我就不应当因服从他而感到耻辱。我不能与他平起平坐，因为他比我更强大、更聪明、更完美等等。结果是，在抑制性的权威中，对权威的仇恨或者对它的盲目高估与崇拜之情就会增加。

合理权威与抑制权威之间的差别只是相对的。即使在奴隶与主人的关系中，也有有利于奴隶的因素。他得到最低限度的食物和保护，这至少能够使他为主人干活。另一方面，我们发现，老师与学生之间的利益完全一致只能是个理想。在这两极之间尚有许多等级关系，如工厂工人与老板之间的关系，农民的儿子与父亲的关系，或者妻子与丈夫之间的关系。不过，尽管实际上两类权威总是混合在一起的，但二者却有根本区别，每类权威的分量孰轻孰重，总是取决于对某一具体权威实际情况的分析。

权威并非必然是人或组织机构，也不一定总得说：你必须做这，或你不许做那。这种权威可以称之为外在权威，它也可能是内在权威，以职责、良心或超我等名目为伪装。实际上，现代思想从新教发展到康德哲学，其特征就是内在权威取代外在权威。随着新兴中产阶级在政治上获得胜利，外在权威失去了光彩，人自己的良心取而代之。在许多人眼里，这种变化就是自由的胜利。臣服于外在的（至少在精神事务方面）命令似乎不配做一个自由人；而人的理性、意志或良心征服人的自然倾向，建立起其对个人自然部分的统治，似乎成了自由的本质。分析表明，良心像外在权威一样实行严厉统治，而且人的良心所发布命令的内容常常完全并非受制于个人自我的需求，而是受制于以伦理道德方式出现的社会需求。良心的统治甚至比外在权威更残酷，因为个人觉得命令是自己的，他怎能反抗自己？

近几十年来，“良心”的重要性大减。似乎外在权威和内在权威在个人的生活中都不再扮演重要角色。人人都彻底“自由”了，只要不干涉他人的合法要求。但是，我们发现，权威并未消失，而是使自己隐而不现。**“匿名”权威**取代了公开权威实行统治。它装扮成常识、科学、心理健康、道德与舆论。它不言自明，根本用不着发号施令，它仅仅靠温和的劝说，根本不用施加任何压力。无论是母亲对女儿说“我知道你不喜欢跟那个男孩出去”，还是像广告所说的“抽这个牌子的香烟——你会喜欢它的清凉”，都是如此。这些狡猾的建议营造出的气氛实际上同样充斥于我们的整个社会生活。匿名权威比公开权威更有效，因为人不再认为还有别人期望自己服从的任何命令。很明显，在外在权威中，有命令和发布命令的人，人可以与权威做斗争，个人的独立与精神勇气在斗争中也能得到发展。在内在化了的权威中，命令虽然是内在的，但仍看得见，而在匿名权威中，命令和命令者全都踪影全无，就像受到了看不见的敌人的攻击，任何人都无还手之力。

现在再回过头来讨论权威主义性格。它最重要的特征就是对权力的态度，对权威主义性格的人来说，有“两性”存在——有权力的一方与无权力的一方。无论对人还是对机构组织，爱、羡慕与欣然臣服都是由权力自动激起的，权力使他着迷并非因为某一权力蕴含有某些价值，而恰恰在于它是权力。正如他的“爱”由权力自动激起，同样，无权力的人或机构组织自动激起他的鄙视。一看到无权力的人，他就想攻击、统治、羞辱之。有一种性格的人一听到攻击无助者就惊恐万分，与之相反，权威主义性格者的对象越无助，他就越觉得高兴。

权威主义性格的一个特征误导了许多观察者：蔑视权威，抗拒一切来自“上面”的影响。这种蔑视有时遮盖了全部景象，实际上它背后的东西是臣服倾向。这类人会经常反抗一切权威，甚至那些实际上促进了他的利益和并无压迫因素的权威。这类人对权威的态度有时是分开的，一类人有可能反抗一部分权威，尤其是那些因缺少权力而使之失望的权威；但同时或者后来又臣服于另一部分权威，通过更大的权力或许诺，因为这些权威似乎能满足他们的受虐渴望。最后一种是反叛倾向完全被压制住了，只有在有意的控制削弱时它才浮起，这可以从未来的发展看出来，即一旦权威的权力受到削弱并开始瓦解，便会对它产生仇恨。第一种类型人的中心点是反叛态度，人们很容易相信他们的性格结构与臣服受虐型的截然相反，似乎他们是以极端独立为基础反对所有权威的人。他们像是以个人内在力量和完整为基础，反对那些妨碍他们的自由与独立力量的人。然而，权威主义性格反对权威基本上是出于轻蔑。它是一种主张自我的企图，用反对权威来克服他自己的无能为力感，但是有意识或无意识地，渴望臣服的欲望仍然存在。权威主义性格从来不是“革命者”，我更喜欢称之为“叛乱分子”。许多浅薄的观察者对许多个人和政治运动惊奇不已，因为他们似乎都令人费解地从“激进主义”转向极端权威主义。从心理学角度看，那些人是典型的“叛乱分子”。

权威主义性格对生活的态度，他的全部哲学，都受制于他的情感冲动。权威主义性格喜欢那些限制人类自由的条件，喜欢被迫臣服于命运。他的“命运”意味着什么要取决于他的社会地位。士兵的命运就是长官的意志或鞭子，他要高兴地服从。小商人的命运是经济规律。对他来说，危机与繁荣并非人类行动能改变的社会现象，而是一个更强大的权力的体现，他只有臣服。对处在金字塔顶端的人来说，情形也没有不同。区别仅在于要臣服的权力的大小及普遍性如何，不在于依赖感。

人们不但觉得直接决定自己生活的那些力量，而且还觉得那些决定人生活的普遍力量似乎也是不可更改的命运。战争是命中注定的，一部分人受制于另一部分人亦如此；受多少苦难并非偶然，全是命运的必然。命运在哲学上可以被理性化为“自然规律”或“人的命运”，在宗教上为“上帝的意志”，在伦理上为“责任义务”，对权威主义性格而言，命运总是个人之上的一个更高大的权力，个人对它惟有臣服。权威主义性格崇拜过去。过去的一切，将来会永存。渴望或为尚未出现过的东西而工作是罪犯或疯子。创世的奇迹——创世总是奇迹——是超出他的情感体验范围之外的。

施莱尔马赫把宗教体验定义为绝对依赖体验，一般来说这就是受虐体验的定义，罪在这种依赖感中扮演了特殊角色。压在后代所有人身上的原罪概念就是受虐体验的典型特征。道德像其他任何一种人的失败一样成了永远难以逃脱的命运。一旦犯了罪，便永远被罪的铁锁链捆住。人自己的所作所为变成了统治他的权力，它使人永远得不到自由。救赎能够缓解犯罪带来的后果，但救赎永远不能去掉罪。① 以塞亚书说：“你们的罪虽像朱红，必变成雪白。”这与权威主义性格的哲学恰好相反。

所有权威主义思想的普遍特征就是坚信生命是由自我、兴趣及愿望之外的力量决定的。惟一可能的幸福即在于臣服于这些力量。人的无能为力是受虐哲学的主旋律。纳粹主义的意识形态之父之一的默勒·范德布鲁克非常清晰地表达了这种感情。他写到：“保守派宁愿相信灾难，相信人无力避免它，相信灾难必然发生，相信被诱骗的乐观派必然失望。②”希特勒的著作里这种精神更明目张胆。

权威主义性格并不缺乏行动、勇气或信念。但与那些并不渴望臣服的

① V. 雨果《悲惨世界》中沙威的性格是表现无法逃避罪恶之思想的最生动典型。

② 参见默勒·范德布鲁克《第三帝国》，1931 年版，第 223、224 页。

人相比，这些特性的意义完全不同。对权威主义性格而言，行动是由于他根本上的无能为力感，是想借此克服它。这个意义上的行动是指以比自我更高大的某种东西的名义去行动。它可能以上帝、过去、自然或责任义务的名义，但永远不会以未来、未出现的事物、无权力的东西或生命之类的名义行动。权威主义性格靠依赖超强的权力获取行动的力量。这个权力永不会消失或改变。对他来说，缺乏权力便明确无误地标志着罪与卑劣，如果他坚信的权力露出软弱的征兆，他的爱与尊敬就变成了轻蔑与仇恨。他缺乏一种“攻击能力”，这使他不先谄媚于另外一个更强大的权力，便不能攻击既定的权力。

权威主义性格的勇气基本上是一种忍受命运或其人格化的代表或“领袖”为他定下的命运的勇气。无怨无悔地忍受苦难是他的最高美德，他没有结束苦难或至少减轻痛苦的勇气，不是去改变命运，而是臣服于它，这便是权威主义性格的英雄主义。

只要权威还强大，还能发号施令，他就相信它。他的信念完全源于他的怀疑，同时也是对怀疑的一种弥补。但他并没有信仰，如果我们把信仰定义为确信目前只是潜存的东西一定会实现的话。权威主义的哲学基本是相对的、虚无的，尽管它常常激烈地声称自己已征服了相对主义，尽管它体现为行动，但它的根子在于极度的绝望，在于完全缺乏信仰，它导致虚无主义，进而否定生命。①

权威主义哲学中并不存在平等概念。权威主义性格有时可能按传统，或因为平等一词合乎他的目的而使用它，但它没有真实的含义和分量，因为它关注的是超出其情感体验之外的某种东西。他认为世界就是由有权

---

① 劳施宁在《虚无主义革命》一书中，对法西斯主义的虚无主义性格做了极精彩的描述，1939 年版。

力者和无权力者、优等人与劣等人组成的。在他的施虐–受虐冲动基础上，他只能体验到统治或臣服，但永不会有稳定。他认为性别或种族不同必然就是优或劣的标志，没有这种内涵的不同是无法想象的。

描述施虐–受虐冲动和权威主义性格还涉及更极端方式的无助，并相应地有通过与崇拜或统治对象建立共生关系而采取的更极端的逃避方式。

这些施虐–受虐冲动是司空见惯的，但只有某些个人与社会群体才被认为是典型的施虐–受虐狂。我们的文化中几乎鲜有例外地普遍存在着一种比较轻度的依赖方式。这种依赖并不像施虐–受虐狂特性那样危险和强烈，但它还是很重要的，我们这里的讨论不应漏掉它。

我指的是那些终生与自身之外的某种权力保持微妙关系的人。①他们的所做、所感、所想无不与这个权力有某种联系。他们期望“他”的保护，希望受到“他”的照顾，让“他”对他们自己行为的全部后果负责。这种依赖常常是人根本未意识到的某种事实存在，即使朦胧地觉得有某种依赖，他所依赖的人或权力也常是模糊不清的。并没有明确的形象与那个权力相连。它的根本性质就是体现某个功能，即名义上的保护、帮助，使个人得到发展，与他在一起，永不抛弃他。具有这些性质的“X”可称之为神秘帮助者，当然，他常被拟人化了：被视为上帝、规律或真实人物，诸如自己的父母、丈夫、妻子或上司。当真实的人物装扮成“神秘帮助者”这一角色时，他们便具有了神秘的特性，也具有了他们被人格化为神秘帮助者所带来的意义，认清这一点很重要。神秘帮助者被人格化的过程常常可以在所谓的“坠入爱河”现象中看得到。与神秘帮助者有那种关系的人试图在血肉之躯中找到他。由于某种原因——常常是由于性欲的辅

---

① 参见卡伦·霍尼《精神分析新方法》。

助，某个他人成了他要寻找的具有那些神秘特性的人，他便把那个人视为对象，把自己的整个生命与他联系在一起，并终生依赖他。虽然换成另外一个人，同样的事也会发生，但这个事实并不能改变什么，它只能进一步加深他的印象，让他认为这个关系又是一次“真正的爱”。

我们可以在心理分析过程中研究这种对神秘帮助者的需求，这恰似一个实验。接受分析的人常常对分析者形成一种深深的依赖，他的全部生活、所作所为、思想及感情都与分析者密切相连。接受心理分析的人会有意无意地自问：这会不会令他（分析者）高兴？那会不会让他生气？他会不会同意这个？会不会为那个责备我？爱情关系中，选择这个或那个人做自己的伴侣，这件事本身就证明爱上某个特定的人恰恰是因为他是“他”，但这种幻想在心理分析中是站不住脚的，因为形形色色的人对形形色色的心理分析师都产生了同样的感情。这种关系有点像爱，常伴随着性欲，但它基本仍是一种与人格化的神秘帮助者的关系。很显然，心理分析者像某些有某种权威的其他人（医生、牧师、教师）一样，能满足寻找人格化的神秘帮助者的人的需求。

从本质上讲，人所以依附于神秘帮助者，其原因与共生冲动的原因是一样的，即，无法独自生存，不能充分表达个人的潜能。在施虐–受虐冲动中，这种无能导致通过依赖神秘帮助者来除掉个人自我，而在我们正讨论的比较轻度的依赖方式中，其结果仅仅是想寻求引导和保护。与神秘帮助者的关系密切程度，是与个人自发表达自己的思想、情感和感觉潜能的能力成反比的。换言之，人希望从生活中、从神秘帮助者那里得到期望的一切，但就是不希望从自己的行动中得到。这种情况越严重，个人生活的中心便愈发由自己转向神秘帮助者及其人格化载体。问题不再是如何独自生活，而是如何操纵“他”以免失去他，如何使他做自己所想的，甚至让他担负起自己应负的责任。

在更极端的例子中，试图操纵“他”这一主题几乎成了人整个生活的全部，他们所用的方式亦各不相同，有人用服从，有人用“善”，有人则把受苦受难作为操纵的方式。于是，我们发现，感情、思想或情感无不带有操纵“他”之需求的色彩，也就是说，任何心理活动都不是真正自发的或自由的。这种依赖既源于自发受阻，又导致自发受阻。它虽然给人某些安全，但也导致人产生软弱感和被奴役感。只要这种情况在继续，这些依赖于神秘帮助者的人就还会觉得受到“他”的奴役（尽管常在潜意识里），并会在不同程度上反抗“他”。反抗自己在安全和幸福上寄予厚望的人又会产生新的冲突。如果不想失去“他”的话，就必须把反抗情绪压抑住，但根本的痛苦又会时常威胁到在关系中求得的安全。

如果神秘帮助者被人格化为真实具体的人，一旦无法从这个人身上得到所期望的东西，失望就会随之而来。由于期望完全是虚妄的，所以任何一位真实的人最终都会令他失望，此外还有因受那个人奴役而产生的憎恨。这些都会导致不断的冲突。结果有时只会以分离告终，并常常会再选择一个对象充当神秘帮助者，以期通过他实现全部愿望。如果这种关系最终也受挫，就有可能再次破裂，或者寻求神秘帮助者的一方断定这就是“命”，然后退出。他没认识到的是，他失败的根本原因不在于没有选对神秘人物，而直接在于他欲通过操纵一种神秘力量，以获得只有个人自己通过自发行动才能获得的东西。

弗洛伊德已看到了终生依赖自身之外的某一对象的现象。他把它解释为人在早年对父母的依恋，主要是性依恋的终生继续。事实上，这种现象给他的印象太深刻了，以至于他声称俄狄浦斯情结是所有神经症的核心，而且认为道德发展的主要问题就是成功地克服俄狄浦斯情结。

弗洛伊德把俄狄浦斯情结视为心理学的中心现象，这是心理学上的最重大的发现之一。但他并未做出合理的解释。因为尽管父母与孩子之间确实存在性吸引现象，尽管由此而起的冲突有时确实是神经症发生的部分原因，但性吸引与由此而起的冲突都不是孩子依恋父母的根本原因。婴儿小的时候，自然会依赖父母，但这并不必然意味着孩子自己的自发性受到了限制。然而，一旦父母作为社会的代理人开始压抑孩子的自发性与独立性时，一天天长大的孩子就会觉得自己越来越难以独自承受，难以自主自存，于是便要寻求神秘帮助者，并常常把“他”具体人格化到父母身上。后来，个人又把这些感情转移到另外其他人身上，如教师、丈夫或心理分析师。我们再次发现，父母一方最初的性吸引继续存在并不会使人产生与权威象征相连的需求，其真正的原因是孩子的自我成长与自发性受阻及由此引发的焦虑。

我们能够观察到，神经症和常态发展的核心问题都是争取自由与独立的斗争。许多常人以完全放弃个人自我而结束这场斗争，因此他们适应得很好，并被视为正常人。神经症患者则是不愿完全放弃斗争、不愿臣服的人，但他同时仍与神秘帮助者的象征紧密相连，无论“他”的形式如何。他的神经症总是一种企图，欲解决根本的依赖与渴望自由之间的冲突，只是这种努力基本上是不成功的。

（二）破坏欲

我们早提到过，尽管施虐–受虐冲动与破坏欲多交织在一起，但不能把它们混为一谈。破坏欲之所以不同，是由于其目的不在主动或被动的共生，而在于消灭其对象。但它的根源也在于难以忍受个人的无能为力与孤立。与自身之外的世界相比，我感到自己无能为力，为了避免这种感情，我可以摧毁世界。可以肯定，如果我成功地驱逐了它，我仍孤独、孤立，但我的孤立是光荣伟大的孤立，因为再没有我自身之外的强大权力会将我击碎。毁坏世界几乎是挽救自己不被击碎的绝望的最后一招。施虐狂的目的是吞并其对象，破坏欲则欲除掉它；施虐狂欲借统治他人增大已然原子化的个人的力量，破坏欲则要消灭所有的外在威胁。

只要看看社会中人与人之间的关系，便可发现破坏欲到处都是。大多数情况下人并未意识到，而是用各种方式将它合理化。实际上，人们为了使破坏欲合理化，几乎用尽了所有手段，爱、责任、义务、良心、爱国主义过去是现在也是毁坏他人或自己的伪装。但是，我们必须区分两种不同的破坏欲。一种是由特殊的形势引发的，是在自己或他人的生命和完整受到侵犯，或者自己赞同的观点受到攻击时的反击。这种破坏性是自然的，是人肯定生命的必然附属物。

但是，这里所讨论的破坏欲并非这种合理的——也可以称之为“反击性”的——敌视，而是一种时时盘桓在人心中的一种破坏欲，也就是说是一种伺机而发的破坏欲。如果某人没有客观的“理由”就发泄破坏欲，就被视为精神病（尽管他自己常捏造某些合理理由）。不过，绝大多数情况下，破坏冲动都会找到貌似合理的理由，至少让一些人或一个社会群体都赞同，并使其成员认为是“真实”的。但是，非理性破坏欲的对象以及他们被选中的特定原因并不十分重要。破坏冲动是人体内的一种激情，它总能找到发泄的对象。如果因种种原因他无法把他人当作发泄的对象，他自己就很容易成破坏的对象。如果达到非常显著的程度，常会导致生理疾病，甚至自杀。

我们已假设，破坏欲是逃避难以忍受的无能为力感的方式之一，因为其目的在于除掉所有与之相比使个人显得弱小的对象。但从破坏倾向在人类行为中的巨大作用来看，这个解释似乎并不完满。孤立与无能为力状态使人焦虑，使生命遭受挫折，而焦虑和挫折又成为破坏欲的另外两个根源。关于焦虑的作用无需多说。重要利益（物质和情感上的）受到任何威胁，都会产生焦虑，① 而破坏倾向又是应对焦虑最司空见惯的反应形式。某些威胁会出现于某些特定条件下，并为特定人群所引发，这时破坏欲就会针对他们发作。也可能因为时时感到外面世界的威胁，所以焦虑时时存在，虽然并不一定必然被意识到。这种恒常的焦虑是由于个人的孤立与无权造成的，它是潜藏于人内部的破坏欲的一个根源。

产生于同一条件下的另一个重要后果便是我刚才所说的生命受挫。孤立无权的个人受到阻碍，无法实现其感觉、情感和思想上的潜能。他缺少内在的安全与自发性，而这是实现潜能的条件。有关欢乐和幸福的文化禁忌加剧了这种阻碍，这些禁忌充斥于宗教中，自宗教改革起就更成了中产阶级的道德规范了。如今，外在的禁忌基本消失了，尽管人们在主观意识上赞同感官欢乐，但内在的禁忌仍很强大。

弗洛伊德已触及过生命受挫与破坏欲之间的关系问题，在讨论他的理论的同时，我们也会提出我们自己的看法。

弗洛伊德认识到，在他最初假定性冲动与自我保存冲动是人行为的两大基本动机时，忽略了破坏冲动的分量与重要性。后来，他确信破坏欲同性欲一样重要，在此基础上，他继续假定人有两种基本冲动，一种针对生命，多少有点等同于性欲上的里比多；另一种是死亡本能，其目的就是要毁坏生命。他认为，死亡本能可以与性本能混杂在一起，或者针对自我，或者针对自我之外的对象。他还进一步认为，死亡本能是所有有机生命体

① 参见卡伦·霍尼在《精神分析新方法》中对此的讨论。

的生物特性之一，因而是生命必不可少、无可更改的一部分。

弗洛伊德发前人之所未发，充分考虑到破坏倾向的重要性，就这一点而言，他的死亡本能假设是令人满意的。但是，他把死亡本能解释为生物特性，却没能充分考虑到破坏欲的程度在不同的个人和社会群体中的差异是极为显著的，这是他不能令人满意之处。如果弗洛伊德的假设是对的，我们就可以假设破坏欲无论对别人还是对自己，其数量程度多少应是恒定的。但事实却恰恰与此相反。不但我们文化中个人的破坏欲的量度差别极大，而且不同社会群体的破坏欲也并不等同。例如，欧洲中产阶级下层成员性格中的破坏欲就比工人阶级和上层阶级的破坏欲强烈得多。人类学研究表明，有些人的破坏欲尤为显著，而有些人则完全没有破坏欲，没有对他人或自己的敌视。

要认识破坏欲的根源，似乎就必须从观察这些差别入手，而且要看还有没有其他造成差别的因素，要看这些因素是否可以解释破坏欲的量的差别。

这个问题很棘手，需要详尽的研究，这里无法展开。不过，我想指明答案的方向所在。破坏欲的强弱似乎与个人生命的成长受阻程度的大小成比例。我们这么说并非指个人在或这个或那个本能上的挫折，而是指整个生命的受阻，指生长发展的自发性和人的感觉、情感及思想潜能表达方面的受阻。生命有它自己的内在动力，它要生长，要得到表达，要生存下去。似乎一旦这种倾向受到阻碍，生命的能量就会分解，就会转化为破坏能。换句话说：生命欲与破坏欲并非各自独立的，相反，二者是相互依存、相互转化的。生命欲受阻越严重，破坏欲就越强烈；生命越得到实现，破坏欲就越小。**破坏欲是生命未能得到实现的后果**。那些使人的生命受到压抑的个人和社会条件滋生了破坏冲动，而这些破坏冲动又是人对自己或他人怀有特殊敌视的根源。

认清破坏欲在社会进程中的动力作用及造成其强度大小的特殊条件，其重要性自不待言。我们早已指出，敌视流行于宗教改革时的中产阶级中，它体现在新教的某些宗教概念中，尤其是禁欲精神和加尔文的冷酷的上帝形象，他无缘无故地把一部分人打入地狱，并以此为乐。后来，中产阶级以道德尊严作幌子表达自己的敌视，以理性化的方式对那些能享受生活的人表达强烈的嫉妒。目前，中产阶级下层的破坏欲是纳粹主义兴起的重要原因之一，纳粹主义迎合了这些人的破坏冲动，利用他们反对纳粹的敌人。中产阶级下层的破坏欲根源很容易找到，我们在这个讨论中早已提出过，即，个人的孤立与个人成长被抑制，这对介于上层阶级与下层阶级的下层中产阶级来说尤其正确。

（三）机械趋同

我们已讨论的逃避机制包括放弃个人的完整性，毁掉他人以免世界再威胁自己。这些方式都意在克服与外面世界的强大力量相比时个人产生的微不足道感。

其他逃避机制则是完全从世界上隐退，以便让世界的威胁彻底消失（某些精神病症状的心理机制①），个人在心理上自我扩展，使外面的世界相形见绌。虽然这些逃避机制对个人心理学的意义重大，但它们的文化意义甚小。这里就不打算进一步讨论了，而是想讨论另外一种逃避机制，它的社会意义最大。

---

① 参见H.S. 沙利文前引书，第68页及其以下；以及他的“精神分裂症研究”，载于《美国精神病学杂志》第9卷，第3号；还可参见F.F. 赖希曼的“精神分裂症中的转移问题”，载于《精神分析季刊》，第8卷，第4号。

这种特殊的逃避机制是现代社会里的大多数常人所采取的方式。简而言之，个人不再是他自己，而是按文化模式提供的人格把自己完全塑造成那类人，于是他变得同所有其他人一样，这正是其他人对他的期望。“我”与世界之间的鸿沟消失了，意识里的孤独感与无能为力感也一起消失了。这种机制有点类似于某些动物的保护色，它们与周围的环境是那么地相像，以至于很难辨认出来。人放弃个人自我，成为一个机器人，与周围数百万的机器人绝无二致，再也不必觉得孤独，也用不着焦虑了。但他付出了昂贵的代价，那便是失去了自我。

认为克服孤独的“正常”方式是把自己变为一个机器人，这种假设是与我们的文化关于人的广为流传的思想相冲突的。我们大多数人都被认为是自由的个人，可以随己所愿自由思考、感觉和行动。这确实不仅是对现代个人主义的普遍看法，而且是每个个人的真实想法，大家都坚信他就是“他”，他的思想、感情、愿望就是“他的”思想、感情和愿望。不过，尽管我们中有真正的个人存在，但这种信念多半只是幻想，是很危险的，因为它妨碍了清除那些造成这种局面的条件。

这里所讨论的是心理学的最基本问题之一，由此可以立即引发出一系列问题。何谓自我？那些只能让人产生错觉，以为是自己的举止的行为，其性质又如何？何谓自发性？何谓原始心理活动？最后还有，这些与自由到底有什么关系？本章我们将表明，外部世界如何驱使人的感情与思想，而人在主观上却仍觉得是自己的，人自己的感情与思想又如何受到压抑，并不再是自我的一部分。我们将在“自由与民主”一章中继续讨论这里提出的问题。

我们还是从分析体验的意义开始吧！用词语来概括，这些体验就是“我感觉”、“我认为”、“我愿意”。当我们说“我认为”时，这似乎是一个明确无误的陈述，惟一的问题似乎在于我认为的是对还是错，而不在于是否是**我**认为的。然而，一个具体的试验就会立即表明，对这个问题的回答并不一定必然像我们想象的那样。[①] 假设催眠师 B 对 A 实行催眠，在催眠过程中向 A 暗示在叫醒他后，他将会想读一部手稿，并坚信这手稿是自己带来的，他将找这部手稿，但又找不到，那时他将会坚信另外一个人 C 偷走了它，他会非常生 C 的气。B 还会告诉 A，这只不过是他在被催眠状态时 B 给的一个暗示，他将会忘掉它。必须说明的是，C 是一个从未令 A 生过气的人，而且从具体情景来看，A 没有理由对他发脾气，不仅如此，他实际上根本就没带手稿来。

结果会发生什么？A 醒来，就一个话题聊了几句后，他说："对了，这使我想起我在手稿中所记的一些东西，我读给你听听。"他环顾四周，但找不到手稿，于是转向 C，意思说他拿走了它。当 C 否认时，他会越来越激动，最终会勃然大怒，直接指控 C 偷了手稿。他还得寸进尺，罗列出很多 C 作贼的合理理由。他说，他听别人说，C 非常需要这部手稿，并有很好的机会拿走它，等等。我们听到他不仅指控 C，而且还捏造许多"合理理由"，似乎所控属实（当然，这些没有一点是真实的，A 以前也绝对不会想过要编造这些理由）。

假设这时另外一个人走进来。他当然不会怀疑 A 说的是自己的看法与感觉，他惟一的问题是 A 的指控是否正确，即，A 的想法是否与事实相符。然而，自始至终亲眼目睹了全过程的我们当然不会问指控是否属实，我们知道这根本就不是问题，因为我们可以肯定，A 的感觉与想法并不是**他的**思想和感觉，而是由另一个人灌输到他脑子里的外在的东西。

---

① 关于催眠问题的文章，请参见 M.H. 埃里克森所列的目录，载于《精神病学》，1939 年版，第 2 卷，第 3 号，第 472 页。

在试验中间走进来的人可能会得出这样的结论："显然，A 清晰地表达的都是他自己的想法。他最清楚自己所想的是什么，他所说的就是他的感觉，这是最好的证据。其他那些人说他的思想是别人灌输给他的，都是凭空杜撰的、不真实的。为公平起见，我无法断定谁是对的；双方可能都是错的。也许，由于两个对一个，多数正确的可能性更大些。"然而，我们亲历了试验的全过程，根本就没什么疑问，新来者如果参加过其他催眠试验，他也不会有疑问。他会立即看出，这类试验可以在不同的人身上以不同的内容重复许多次。催眠师可以暗示生马铃薯是可口的凤梨，接受催眠的人就会像吃凤梨那样津津有味地吃生马铃薯。催眠师也可以暗示接受催眠的人看不见任何东西，后者就会失明。催眠师还可以说地球是扁的而不是圆的，受催眠者就会激烈地争辩说地球是扁的。

催眠试验，尤其是后催眠试验能证明什么？它表明，我们可能在主观上觉得思想、情感、愿望甚至肉欲都是**我们自己的**，但是，虽然我们体验到了这些思想与感觉，可实际上它们都是从外面灌输给我们的，是外在的，根本不是我们的所想所觉等等。

我们据以开始的特殊试验能说明什么？（1）A 有某种**愿望**，即想读他的手稿；（2）他有所**认为**，即，C 拿走了手稿；（3）他有所**感觉**，即，生 C 的气。我们早已发现，这三种心理活动——愿望冲动、思想、感觉，都不是他自己的，因为它们并非他自己心理活动的产物。这些心理活动并不始发于他，而是从外面灌输给他的，他在主观上觉得**好像**是他自己的。他表达了催眠中没灌输给他的一些思想，也就是那些他用来"解释"C 偷了他的手稿这个想法的"合理的理由"。但这些思想只能在形式上才是他自己的。尽管意在解释怀疑，然而我们知道，先有了怀疑，理性化的想法只是发明来使感觉更可信的，它们并非真正的解释，而是**事后诸葛**（post factum)。

我们从催眠试验入手，是因为它明确无误地表明，尽管人确信自己的心理活动是自发的，但实际上却是在某种特定环境的条件下，由他人而不是自己施加影响的结果。然而，这种现象绝不仅限于催眠中。我们的思想、感觉、愿望的内容不真是我们自己的，而是从外部灌输给我们的，这个事实达到如此程度，以至于人们认为这些伪活动是规律，而真正的心理活动反成了偶然例外。

思想的虚假性要比感觉和愿望的虚假性明显得多。最好从真思想与伪思想的区别开始讨论。假设我们在一个岛上，那里有渔夫与城里来避暑的游客。我们想知道天气情况，就去问一位渔夫和两位城里来的游客，我们知道他们都听了天气预报。渔夫有丰富的经验，也关注天气这个问题，他就会开始思考这个问题，好像我们问他时他尚未拿定主意。他知道风向、温度、湿度等天气预报的基本知识，但还会对各个方面分别加以斟酌，然后做出多少较明确的判断。他可能会想起天气预报，并用来证明**自己**的观点或反驳天气预报的说法，如果是反驳，他就会小心谨慎地斟酌自己的理由。但这才是最关键之处，这是**他自己**的观点，是**他自己**思想的结果，他告诉我们结果，也告诉我们理由。

城里的两个游客中的第一个知道自己对天气知之甚少，并觉得没有必要了解。我们问他时，他会回答："说不准。我所知道的就是天气预报报的那些东西。"另一个人就有点不同了。他相信自己对天气懂得很多，尽管实际上他一无所知。他是那类觉得自己必须能够回答任何问题的人。他略加思索，然后告诉我们"他的"看法，而实际他所说的与天气预报报的一模一样。我们问他为什么，他告诉我们，他是根据风向、温度等才得出这个结论的。

表面看来，这个人的行为与渔夫并无不同之处。但是，如果我们再一步深入分析，就会发现，很显然他收听了天气预报，并接受了它。然而，由于觉得非得有**自己的**观点，在这个想法的强迫下，他忘记了自己只不过在重复另外某个权威的观点，并坚信这是他通过自己的思想得出的观点。在告诉我们他的看法之前，他得先杜撰一些理由，但如果我们推敲这些理由，就会发现如果他事先没有收听天气预报的话，这些理由根本不可能使他得出任何结论。它们实际上是伪理由，其作用仅在于使人觉得其观点好像是他自己思考得来的。他有一种错觉，以为得出了自己的观点，可实际上，他仅仅采纳了一个权威的观点，只是没意识到罢了。很有可能他对天气看法是对的而渔夫是错的，虽然渔夫可能真错了，但那是“他自己的”观点；他虽对了，但那并非“他的”观点。

如果我们考察人们对某些问题，如政治的看法，也会发现同样的现象。如果问一位普通的读报纸的读者对某个政治问题有什么看法，他会把他所读到的详细报道作为“他的”观点讲述给你听。然而——这正是关键所在，他确信他所说的是他自己思考的结果。如果他生活在一个小社区里，那里的政治观点是父子相袭的，那么“他自己的”看法比他自己所承认的会更受其严厉的父亲的影响。另一位读者由于怕被别人认为无知，可能会犹豫片刻才发表自己的观点，所以他的“思想”基本上是一种搪塞，并非以经验、欲望和知识为基础做出判断的自然结果。审美中也存在同样的现象。到博物馆看画的普通人，看到一幅名画家（比如伦勃朗）的画时，会认为它精彩绝伦。如果我们分析他的判断，就会发现他内心里根本没有任何共鸣，只是因为别人认为他应觉得好，才认为画得好。音乐判断和认知活动中也有这种现象。许多人看到真的风景名胜时，虽然相信“他们”看的是真风景，但实际他们脑子里面出现的却是在明信片上看过多遍的这个风景，真正的风景只不过是它的复本。有些人亲自经历了某件事，但却偏要根据媒体的报道来观察分析这件事，实际上，许多人虽亲自经历了一场文艺演出或政治集会，但只有在读到报纸的报道后，才觉得是真的。

人的批判思维往往很早便开始受到压抑。比如，一位5岁的小女孩可能会看出她母亲不诚实，她可能微微觉得虽然母亲总是高谈爱与友谊，但实际上却很冷漠自私，也可能看到自己的母亲一方面标榜自己的贞洁，暗地里却在和另一个男人私通。孩子觉得母亲口是心非，她的正义感与真理感受到了伤害，而且由于依赖于一位不容任何批评的母亲，而父亲又是软家伙，根本没指望依赖，那么孩子就被迫压抑她的批判力。很快她便不会再注意母亲的不诚与不忠了。她会失去批判思维的能力，因为她没有希望保持它，即使保持了它，也会很危险。相反，孩子被灌输以固定的模式，即母亲是真诚和贞洁的，父母的婚姻是幸福的，她就会欣然接受这个观点，好像这个观点是她自己的。

在对这些伪思想的解释说明中，问题在于思想是否是自己思考的产物，即，是否是自己活动的产物。思想内容的正确与否并不是问题，正如我们在渔夫对天气的看法中所表明的，“他的”思想甚至可能是错的，而仅仅重复别人看法的那个人却有可能是对的。伪思想也可能完全合乎逻辑和理性。其虚假性并不必然意味着非得有不合逻辑的因素存在。这可以通过研究合理的理由或借口（rationalization）看出来，这些理由是为了解释活动或感觉，表面看来是以理性和客观真实为基础的，实际上却完全受制于非理性和主观因素。借口可能与事实或逻辑思维规律相左，但多数情况下它是符合逻辑和理性的。于是，它的不合理之处仅在于它并非引发行动的真正动机，但又装作是。

有个广为流传的笑话可以说明这种不合理的“合理理由”。有个人借了邻居的一个玻璃罐子，但把它摔破了。邻居要他还时，他回答说：“首先，我早还了；其次，我根本就没向你借过；最后，你给我时罐子早就破了。”“合理化”的合理理由的例子是，当一个人A陷于经济困境时，向他的一位亲戚B借钱。B拒绝了他，并说之所以如此，是因为借钱给A只能助长他的不负责和对别人的依赖性。这个理由是冠冕堂皇且完全合情合理的。但这个合理理由的真正原因在于B无论如何不想让A得到钱，他的表面动机是出于对A的关心，真正的动机是自己的吝啬。

因此，仅凭人陈述的逻辑性是无法弄清理由是否是合理的，还必须考虑到作用于人内部的心理动机。关键不在于思想是**什么**，而在于**如何**思想。积极主动思考得到的思想总是新的、原创性的，原创并不一定非得是别人以前未想到过的，而总是指思想的人用思维作工具，去发现外面的世界或自己内心世界的新东西。“合理理由”根本缺乏这种发现和揭示特性，而只能证实自己的情感偏见。合理化并非洞察现实的工具，而只是一种事后行为，目的在于调和自己的愿望与既存事实间的差异。

对感觉也必须像对思想那样，要区分发于自我的真实感觉与不真是我们自己的但又认为是我们自己的伪感觉。日常生活中与他人的交往，就是反映我们感觉的虚伪性的典型例子。请观察一个参加聚会的人。他快乐洒脱，放声大笑，与别人友好地交谈，总之，让人觉得他很幸福很满足。起身离开时，他面带善意的微笑，并说度过了一个美妙的夜晚。在门关上的一刹那——这是我们仔细观察他的那一时刻，他的面部表情突然发生了变化。微笑不见了，当然，这是意料之中的事，因为他现在孤零零的一个人，身边没什么事和人可供他说笑。但我所说的不仅仅是微笑消失不见，一种深深的悲哀，几乎是绝望的表情出现在他的脸上。这种表情可能只持续了几秒钟，他的脸上便又恢复了通常的面具般的表情。他钻进车里，想着这个夜晚，搞不清他是否给人留下了美好深刻的印象，他觉得自己确实给人留下了好印象。“他”在晚会上幸福快乐吗？他脸上瞬间的悲哀与绝望表情是不是没有多大意义？如果不再进一步了解这个人，这个问题几乎没法回答。然而，这却为我们了解他的快乐的含义提供了线索。

那天夜里，他做了一个梦，梦见自己又回到了战时的美国远征军军营。他接到命令，要穿过敌军防线到德军的大本营去。他装扮成一位德军军官，并突然发现自己置身于一群德军军官中。令他惊奇的是，德军大本营非常舒适，人人对他都很友善，但他越来越害怕，担心他们认出他是间谍。一位对他特别友好的年轻军官走过来对他说：“我知道你是谁，想逃脱只有一个办法，开始讲笑话，放声大笑，把他们逗笑，分散他们的注意力。”他非常感激，于是便开始逗笑。渐渐地，他的笑话越来越甚，以至于其他军官都开始怀疑他了。他们越怀疑，他就越不得不更卖力逗笑。最后，他实在恐惧极了，再也呆不下去了，便从椅子上跳起来夺路而逃，他们则在后面紧追不舍。场景突然变换，他正坐在一辆停在自己家门口的电车上，他身穿西装，有一种如释重负之感，心想，战争结束了。

假如第二天我们问他昨晚的梦与他个人因素有何关系。这里我们只记录对理解我们感兴趣的主要问题意义非常重大的一些联想。德国军服使他想起昨晚的晚会上有位德国口音很重的客人。他记得这位客人有点令他气恼，因为他并没怎么注意他，尽管他（做梦者）尽力给人以好印象。在断断续续地讲述这些时，他又回忆起，昨夜在晚会上他一度觉得这位德国口音的人实际上在取笑他，在他讲话时面带轻蔑的微笑。想到舒适的大本营，他觉得像是昨晚举行晚会的那间房子，但窗子却像他有一次考试不及格时的那间房子的窗子。他对这个联想感到很惊讶。他还想起，去参加晚会之前，他有点在乎自己会给人留下什么印象，原因之一是晚会的一位客人是他想追求的一位女孩的哥哥，原因之二是主人对他的看法对他的一位上司影响很大，而他事业成败的关键又掌握在这位上司手中。说到这位上司，他说自己是如何厌恶他，他对自己向他表示友好而感到羞耻，他甚至有点厌恶主人，尽管他几乎根本没意识到这一点。他还联想到另一件事，就是他在宴会上讲了一则关于秃子的笑话，他有点怕伤害主人的自尊心，因为他也是个秃顶。他觉得电车有点奇怪，根本联想不起什么东西来。说电车时，他想起小时候上学总乘电车，并进一步联想到许多细节，即，他取代了电车驾驶员，认为开电车与轿车并没什么不同。显然，电车就是他自己开回家的车，回到家里让他想起了放学回家。

对所有习惯于理解梦的含义的人来说，这个梦的含义及附带联想是再清楚不过了。虽然只提到了他联想的部分内容，实际也未涉及到有关他的人格结构、过去及现状的任何东西，但梦反映了他昨晚聚会时的真实感觉。他焦虑，担心给别人留下不好的印象，对有几个人气恼异常，因为他觉得他们在嘲弄自己，也不喜欢自己。他的梦表明，他的快乐只是一种手段，既掩饰自己的焦虑和愤怒，又能缓和与令他气恼的那些人的关系。他的快乐只是一个面具，并非发自内心，而仅仅掩盖了他的真实感受——恐惧与愤怒。这还使他整个处于一种不安全状态之中，因此觉得自己像一个置身于敌营的间谍，随时都有被认出的危险。他离去时脸上瞬间的悲哀绝望的表情变化，不但肯定了而且解释了这一点；那一瞬的表情才是“他”真实的感觉，尽管“他”没有真正意识到。人的感觉在梦中是以戏剧性的明确方式表现出来的，虽然并没有指名道姓地说出哪些人让他感到不安。

这个人既未患神经症，也未处于催眠状态，他很正常，但同样焦虑，同样需要得到承认，这是现代人的通病。他并未意识到他的快乐并不是

“他的”，因为他已完全习惯于按别人的要求去感觉，这已成了规律，如果他觉得有点“奇怪”，反倒不对了。

愿望和思想及感觉也一样。许多人坚信，只要外在的权力不公开强迫自己做某事，那么他们的决定就是他们自己做出的，如果他们想要某种东西的话，那也是自己的愿望。但这只是我们诸多错觉中的最大错觉之一。我们的许多决定并非真是我们自己的，而是来自外部建议的结果。我们成功地说服自己做决定的是我们自己，而事实上，由于惧怕孤立，害怕对我们的生命、自由及舒适的更直接威胁，我们与别人的期望和要求保持一致。

问孩子是否想天天去上学，他们回答说：“当然想”。这个回答是真的吗？很多时候这肯定不是真心的回答。孩子可能想经常去上学，但也想经常出去玩或者干点别的事，而不愿天天上学。如果他觉得“我想天天去上学”，他可能压抑了对机械、规律的学校生活的厌倦之情。他觉得大人期望他想天天去上学，这种压力很大，足以淹没他有时上学是出于无奈的想法。如果孩子能意识到有时他想去上学，而有时是出于无奈才上学这一事实的话，他会觉得更高兴。但是，责任感的压力太大了，足以让他觉得别人期望他做的，就是“他”所欲的。

大家普遍认为，人结婚是自愿的。确实，有些人意识到自己的责任或义务，并在此基础上自愿与他人结合。也有人结婚是因为“他”真的想结婚。但同样也有许多人（男人或女人）在主观意识上相信**他**想与某个人结婚，而实际上却发现自己被一系列事件所困，只能步步走向婚姻，根本无路可逃。结婚前的几个月里，他确信“他”想结婚，最能体现这并非真的的事实是，结婚的那天他突然觉得很恐慌，有种想逃跑的冲动。如果他还“明智的”的话，这种感觉仅会持续几分钟，之后他会信誓旦旦地回答神父说，确实是他自己想结婚。

我们可以继续援引一些日常生活中的例子，在这些例子中，人们似乎在做决定，似乎想得到某种东西，但实际上是在内在或外在压力强迫下，“不得不”想得到他们正要得到的东西。实际上，只要观察一下人的决策现象，就可以发现人们错误地认为决定是“他们”自己做出的，而实际上却屈从于传统、责任或明显的压力，其程度之严重令人触目惊心。虽然人们认为个人的决定是社会存在的基石，但“原创”决定在这样一个社会里似乎是相对罕见的现象。

我还想举一个关于伪愿望的详细例子，我们常在分析未见任何神经症症状的人时发现它。这么做的原因之一在于，尽管这个个人事例与本书主要关心的广泛的文化问题没有关系。但它可以给不熟悉潜意识力量作用的读者一个附带机会，让他们熟悉这种现象。而且，这个例子强调说明了一点，对此我虽早已间接表达过，但在这里应直接指出，即压抑与伪行为问题的关系。虽然人看待压抑多从在神经症行为和梦中起作用的受压抑力量的角度出发，但每个压抑都消灭了个人真实自我的某些部分，真感觉受到更大的压抑，不得不用伪感觉代替它。这是必须着重强调的重要事实之一。

现在我想举一位 22 岁的医科学生的例子。他对自己的专业很感兴趣，与他人相处得也很正常，他并非很不高兴，尽管常觉得微微有点疲倦，对生活也没有特别的激情。出于理论上的原因，他想接受心理分析，因为他想成为一位精神病医生。他惟一抱怨的就是他在医学学习中，有某些障碍，他经常记不住自己读过的东西，听讲时觉得疲倦异常，考试表现极差。他感到迷惑不解，因为他在其他科目方面的记忆力似乎好得很。他无疑想学医，但常常非常怀疑自己是否有这个能力。

接受分析几个星期后，他叙述了自己的一个梦。他梦见他站在自己建造的一座摩天大楼的顶层，向外俯瞰其他建筑，心里有种胜利感。突然大楼倒塌了，他也被埋在废墟中。他清楚有人在努力清除废墟，争取把他救出来，也能听见有人说他伤得很重，必须赶快叫医生来。经过漫长的等待，医生终于来了，但却发现自己忘了带医疗器械，根本无法帮他。他对医生勃然大怒，并突然发现自己站了起来，认识到自己根本就没受伤。他朝医生冷笑，正在这时，他醒了。

他对梦有些联想，但并不多，不过这些却是更重要的。想到他建造的摩天大楼，他偶尔提到他一直对建筑有浓厚兴趣。当他还是个孩子时，多年来他最美好的时光便是玩积木，17 岁那年他想成为一名建筑师。他向父亲提起这个想法时，他父亲的反应很友好，说他当然可以自由选择职业，但他（父亲）敢肯定这是个幼稚的愿望，而实际上他更喜欢学医。这位青年认为父亲是对的，此后再也未跟他父亲提起过这个问题，也真的开始学医。至于医生姗姗来迟，又忘了带医疗器械，他的联想有些模糊、凌乱。但是，当他讲到梦的这部分内容时，他又把话题转到了接受分析的时间上，说他虽然同意改变时间，但实际上却很生气。他正说着时，便觉得一股愤怒之情油然而生。他指责心理分析医生太专横，并最终说："好吧，反正我无法做我想做的事。"他对自己的愤怒和所说的话感到很吃惊，因为迄今为止，他从未对心理分析医生或心理分析工作有任何反对情绪。

不久，他又做了一个梦，但只记得一些片段了。他梦见父亲出了车祸。他自己是医生，大家觉得他能为他父亲疗伤。当他想给父亲做检查时，突然觉得自己全身瘫痪了，什么事也做不了。他恐惧极了，于是就醒了。

在他的联想中，他很不情愿地提到，最近几年他有时想父亲会突然死去，这个念头吓坏了他。有时他甚至想到父亲留给自己的财产，还想到用钱来干什么。这些念头一出现他便立即压抑它们，不敢再继续往下想。令他惊讶的是，这个梦与前一个梦里的医生都无法提供任何有益帮助。他比以往更清楚地认识到自己永远不会成为一位有任何用处的医生。当心理分析医生向他指出，他在第一个梦中对医生的无能有一种明确的愤怒与嘲弄感时，他想起当他读到或听说医生无法帮助病人的实例时，他有一种胜利感，但当时他并未意识到。

在进一步的分析过程中，他被压抑的其他东西浮现出来。连他自己都觉得奇怪，他发现自己对父亲有一种强烈的愤怒感，不仅如此，他还发现他自己没能力做一名医生的感觉只不过是无能为力感的一部分，后者更为普遍，弥漫在他的整个生命中。尽管表面上他认为他是按照自己的计划安排自己的生活的，但现在他觉得在内心深处有一种屈从感。他认识到，他确信自己无法做想做的事，而只能按别人对他的期望与他人保持一致。他越来越清楚地看到他从来没有真想当医生，他觉得自己不具备当医生的能力。这只不过是一种消极的反抗表现。

这个例子是个典型，它反映了人的真正愿望受到压抑，而不得不以某种方式接纳别人的愿望，但又似乎是自己的愿望。可以说是伪愿望取代了原始愿望。

伪活动取代思想、感觉和愿望的原始活动，最终导致伪自我取代原始自我。原始自我是精神活动的原动力。伪自我只是一个代理，它打着自我的旗号，实际代表的却是人被期望扮演的角色。当然人能扮演许多角色，并在主观上确信他是每个角色里的“他”。事实上，在所有这些角色中，他只是别人期望的他，而他却认为这就是他。大多数人的原始自我都完全被伪自我窒息了。自我有时会出现在梦里、幻想中，或者喝醉的时候，此时人会有多年未曾经历到的感觉与思想。这些感觉与思想往往是坏念头，必须予以压抑，因为他感到害怕或羞耻；但有时又是非常好的，可他也必须压抑，因为他怕因有这些感觉而受到嘲笑或攻击。①

自我丧失，伪自我取而代之，这把个人置于一种极不安全的状态之中。他备受怀疑的折磨，因为由于自己基本上是他人期望的反映，他便在某种程度上失去了自己的身份特征。为了克服丧失个性带来的恐惧，他被迫与别人趋同，通过他人连续不断的赞同和认可，寻找自己的身份特征。由于他并不知道他是谁，如果他按别人的期望行动，至少他们会知道他是谁，如果他仅仅相信他们的话的话，要是他们知道他是谁，他也会知道他是谁。

现代社会里个人自动与他人趋同，这加剧了普通个人的无助感和不安全感。所以，他准备臣服于能为他提供安全并使他摆脱怀疑折磨的新权威。下一章将讨论德国接受这种新权威帮助的必要特殊条件。我们将说明，纳粹运动的核心——下层中产阶级的典型特征便是权威主义机制。本书最后一章将继续讨论在我们的民主中，人在文化方面的机械趋同。

---

① 心理分析基本上就是一个人据以揭示这个原始自我的过程。“自由联想”意为表达自己的原始感觉与思想，讲事实，但该事实并非指讲某人所想之事实，而是指原始思想，并非采纳了别人期望的思想。弗洛伊德强调的是压抑“坏”念头，他似乎没能真正认识到“好”念头在一定程度上也受到了压抑。

第六章　纳粹主义心理学

上一章我们的注意力主要集中在两类心理形态上：权威主义性格与机械趋同。我希望对这两种类型的详细讨论会有助于理解本章及下一章的有关问题，即，纳粹主义心理学和现代民主。

在讨论纳粹主义心理学时，我们得先考虑一个基本问题——心理因素在理解纳粹主义上的关系。在对纳粹主义的科学讨论中，经常有两种截然对立的观点，一是心理学根本无法解释法西斯主义之类的经济政治现象，二是法西斯主义完全是个心理学问题。

第一种观点认为，纳粹主义或者完全是经济动力的结果——德国资本主义的扩张倾向，或者基本是一种政治现象——由工业家和容克支持的一个政党夺取国家政权。总而言之，纳粹主义的胜利被视为少数人的阴谋诡计及对大多数人民的强迫之结果。

第二种观点与第一种相反，认为纳粹主义只能用心理学来解释，或者用心理病理学来解释。该观点认为希特勒是个疯子或者“神经症患者”，他的喽啰们也同样是疯子，精神都不健全。根据芒福德的解释，纳粹主义的真正根源在“人的灵魂，**不在经济**”。他还说：“法西斯主义的产生并非因为《凡尔赛和约》和魏玛共和国的软弱无能，而是因为目空一切的骄傲、嗜好残忍、精神分裂”。①

---

① 参见 L. 芒福德《生之信念》，1940 年版，第 118 页。

我们认为，这两种观点都是错误的，前者强调经济政治因素而排斥了心理因素，后者则只考虑心理因素而完全忽视了经济政治因素。纳粹主义是个心理学问题，但心理因素本身是由社会经济因素塑造而成的；纳粹主义是个经济政治问题，但它对整个民族的统治和主宰是建立在心理基础之上的。本章我们关注的就是纳粹主义的这个心理方面，即，它的人性基础。这意味着两个问题：纳粹主义吸引的那些人的性格结构，以及纳粹意识形态的心理学特征，它何以成为吸引这些人的有效工具。

考虑纳粹主义胜利的心理基础时，必须首先做以下区别：一部分人未做任何有力抵抗便对纳粹政权俯首称臣，但他们也没成为纳粹意识形态及其政治实践的崇拜者；另一部分人则深受这种新意识形态的吸引，并狂热地追随它。第一部分主要包括工人阶级、自由资产阶级和天主教资产阶级（bourgeoisie）。尽管这些群体有良好的组织，尤其工人阶级，尽管他们从纳粹主义兴起直到 1933 年一直敌视它，但出乎人们意料的是，他们并没有根据自己的政治信念，从内心里真正加以抵抗。他们反抗的意志很快就瓦解了，此后也未给独裁政权添什么乱子（当然，少数一直英勇反抗纳粹主义的人除外）。从心理学角度看，急于臣服于纳粹独裁政权似乎主要因为人内心的厌倦和屈从状态，这是当今时代个人所共有的特点，即使在民主国家里也不例外，下一章还要讲到。关于德国的工人阶级，还有另外一个原因，即自 1918 年首次革命胜利以来他们遭受的失败打击。一战过后，工人阶级强烈盼望社会主义成为现实，或至少看到工人阶级的政治、经济及社会地位有明确的提高，但是，无论原因如何，他们经历的却是一连串的失败，希望最后换来却是完全失望。到 1930 年初，他们最初的胜利果实已几乎丧失殆尽，他们有一种深深的无奈屈从感，不再信任他们的领袖，怀疑所有政治组织及政治活动的价值。主观意识上他们仍是各党的成员，继续信奉其政治信条，但许多人在内心深处早就不再对政治活动的效果抱什么希望。

另外一个刺激是多数人忠于纳粹政府，希特勒上台更激发了这种忠诚。数百万人认为希特勒政府就是“德意志”。一旦他掌握了政府的权力，反对他就意味着将自己排斥在德国人的共同体之外。在其他政党被取缔，纳粹党“就是”德意志后，反对它就意味着反对德意志。普通人最难忍受的似乎就是不能被一个更大的群体认可和接纳。无论一位德国公民是多么反对纳粹主义原则，如果他必须在独自一人与归属于德国的感觉之间做出选择的话，多数人会选择后者。许多事例能表明这一点。有些人本不是纳粹分子，但当外国人批判纳粹的时候，他们却为它辩护，因为他们觉得攻击纳粹主义就是攻击德国。任何政党一旦夺取了国家的权力，都可利用人们害怕孤立和相对薄弱的道德原则的帮助，赢得大部分人民的忠诚。

这一考虑产生了一条对政治宣传问题至关重要的心理。任何对德意志的类似攻击，任何对“德国人”的诬蔑宣传（如一战中野蛮残忍的德国兵形象），只会加深那些本并不完全认可纳粹制度者的忠诚。然而，解决这个问题靠的根本不是高明的宣传，而只能靠一个基本真理在所有国家获胜，即，伦理原则高于国家存在。个人只有恪守这些原则，才能属于一个共同体，这个共同体的所有成员，无论现在、过去还是将来都共同恪守这些原则。

与工人阶级、自由资产阶级和天主教资产阶级的消极退缩形成鲜明对照的是下层中产阶级，即小店主、手工工匠和白领工人，他们全都狂热地拥护纳粹意识形态。①

---

① 关于本章，尤其是下层中产阶级的作用，参见 H.D. 拉斯韦尔极富启发性的论文“希特勒主义的心理学”，载于《政治学季刊》，1933 年版，第 4 卷，第 374 页；以及 F.L. 舒曼的《纳粹独裁政权》（1939 年版）。

这个阶级的老一代成员是比较消极的群众的基础，他们的子女们却成了较积极的斗士。纳粹意识形态——盲目崇拜领袖，仇恨少数种族和政治派别，渴望征服和支配，抬高日耳曼人和“北欧人”，对他们有着巨大的情感引力。正是这种引力征服了他们，使他们成为纳粹的忠实信徒和斗士。为什么纳粹意识形态对下层中产阶级有那么大的吸引力？答案只能从下层中产阶级的社会特征中去找。他们的社会特征与工人阶级、上层中产阶级及 1914 年战争之前的贵族显著不同。实际上，这部分中产阶级始终具有某些典型特征，爱强者、恨弱者，对感情和金钱褊狭、敌视、节俭，及本质上的禁欲主义。他们的生活目光短浅，怀疑并仇恨陌生人，对熟人则充满好奇和嫉妒，将嫉妒合理化为道德愤怒，他们的全部生活以匮乏原则为基础，不但指经济上的而且指心理上的匮乏。

说下层中产阶级的社会特征与工人阶级的不同，并不意味着工人阶级没有这种性格结构，而只是在下层中产阶级身上表现得**最典型**，工人阶级只有很少一部分人以同样明确的方式表现出同样的性格结构。工人阶级成员中也有非常推崇权威及节俭之类的或此或彼的性格特质，只是程度不很显著罢了。另一方面，许多人，可能大部分白领工人的性格结构与体力工人（尤其是大工厂里的）的性格结构更相似，而不是与“旧中产阶级”的更相似，工人阶级没参与垄断资本主义的兴起，但基本上都受到它的威胁。① 尽管下层中产阶级的社会特征早在 1914 年战争爆发之前就已如此，

---

① 该观点是根据一份未发表的研究报告《1920—1930 年的德国工人与雇员的性格》的结果而提出的。该研究由 A. 哈尔托赫、E. 赫尔佐克、H. 沙赫特尔和我共同参与（由 F. 诺伊曼做了一篇历史性序言），赞助者是哥伦比亚大学社会研究国际学院。通过对 600 名参与详细调查的个人的答卷分析表明，只有一少部分人有权威主义性格，大约同样多的人渴望自由与独立，而大多数人的态度都不很明显，各种特质混合存在。

这是事实；可同样的事实是，战后的事态加剧了纳粹意识形态对之有强大吸引力的那些特质——渴望臣服、渴求权力。

1918 年德国革命以前，下层中产阶级、独立小商人及手工业者的经济地位就开始下降，但尚未降到绝望境地，还有许多因素保证了他们的稳定局面。

君主的权威是无可争议的，下层中产阶级依赖它，与它保持一致，他们获得了安全感和自恋般的骄傲自大。宗教权威与传统道德也还根深蒂固。家庭尚未受到动摇，仍是满怀恶意的世界里的一个安全避难地。个人觉得他属于一个牢固的社会文化体系，有自己明确的位置。臣服并忠于现存权威是满足其受虐冲动的满意方式；但他还未到自我投降的极端，仍保持着自己人格的一丝重要性。作为个人，他缺乏安全感与侵略性，但他所臣服的权威的力量弥补了这些不足。简而言之，他的经济地位仍很稳固，足以让他觉得自豪和相对安全，他所依赖的权威也很强大，足以提供他以个人的地位所无法提供的额外安全。

这种形势在战后发生了相当大的变化。首先，旧中产阶级经济衰落的步伐加快，通货膨胀也加速了这一趋势，到 1923 年时达到顶峰，它几乎完全将他们多年的积蓄全部卷去。

虽然 1924 ～ 1928 年的经济增长给下层中产阶级带来了新希望，但 1929 年后的大萧条又使他们一贫如洗。中产阶级在通货膨胀时期就夹在工人与上层阶级之间，是最无力自卫的阶级，因而也成为受打击最大的对象。①

激化形势的不但有经济因素，还有心理因素。德国在一战中败北与

① 参见舒曼前引书，第 104 页。

君主政权的覆亡就是一个。从心理上讲，君主与国家本是小资产阶级赖以生存的坚固基石，它们的失败粉碎了他自己生活的基础。如果可以公开嘲讽皇帝，如果可以攻击官员，如果必须变更国家形式，并接受“赤色煽动分子”为内阁成员，让制鞍匠做总统。小人物们会信任谁？他已在下意识里把自己与这些机构等同起来，现在，它们已不复存在，他要走向何方？

通货膨胀不但影响了经济，也影响了心理。它使节俭原则和国家权威受到致命一击。如果个人靠多年节衣缩食积攒的钱并非因自己的过失就一下子没有了，积蓄还有什么用？如果国家违背了诺言，银行的纸币和公债全都成了一堆废纸，那么还可以再信任谁？

战后，下层中产阶级不仅在经济上急剧衰落，而且在社会声誉上也直线下降。战前他们还觉得比工人优越些，工人阶级的社会声誉在革命后上升很快，而下层中产阶级则相对衰落。过去，小业主之流的下层中产阶级生活中最大的资本之一便是瞧不起工人，而今却没有任何人可以让他们瞧不起了。

除这些因素外，中产阶级的最后一个安全堡垒——家庭也开始动摇。一战后的发展动摇了父亲的权威和旧中产阶级的道德，这种现象在德国最突出。年轻一代随己所好行事，不再在乎父母是否同意。

这种发展是多种多样、错综复杂的，这里无法再详细探讨。我只指出其中的几条。象征旧社会权威的君主及国家的衰落影响了父母的个人权威。由于父母教诲年轻一代要尊敬这些权威，而它们又是那么不堪一击，父母的声望与权威也失去了。此外，面对变化了的形势，尤其是通货膨胀，年老的一代困惑不解且愤怒异常，他们适应新形势的能力也较差，年轻一代则比较灵活，很容易适应。因此，年轻一代觉得自己比父辈们优越，并不再把他们和他们的说教当回事。不仅如此，经济衰落还剥夺了中产阶级父母的经济地位，使他们不再是孩子未来的经济靠山。

老一代下层中产阶级越来越痛苦，越来越愤怒，但他们的方式是消极的。年轻一代则被迫行动起来，他们的经济处境急剧恶化，父辈们赖以生存的基础——个人经济独立已完全失去，就业市场已经饱和，当医生或律师谋生的机会也微乎其微。在战争中卖命的那些人觉得自己应得到更优厚的待遇，而实际上他们所得甚少。年轻军官尤其如此，他们多年来已很自然地习惯于发号施令、行使权力，要他们成为书记员或行商，他们根本无法接受。

不断深化的社会挫折给人们心中蒙上一层阴影，这成了国家社会主义的重要源头之一。中产阶级没有意识到他们自己的经济与社会命运，而是有意从国家角度考虑他们的命运。国家战败和《凡尔赛和约》成了转嫁实际社会挫折的象征。

人们往往认为 1918 年战胜国对德国的处置是纳粹主义兴起的主要原因之一。这种说法需要斟酌。大多数德国人觉得和平条约是不公平的；虽然中产阶级的反应非常强烈，但工人阶级对《凡尔赛和约》的愤恨之心并不大。他们反对的是旧专制政权，对他们来说，战争的失败意味着旧政权的失败。他们觉得自己英勇奋战，根本没有理由为此感到耻辱。相反，只有君主政权失败，革命才有可能获胜，才能给他们带来经济、政治及人身方面的利益。反对凡尔赛的基础是下层中产阶级，民族主义反抗情绪只是一个“合理理由”，是社会地位自卑转化为民族自卑的一个投射。

希特勒的个人经历非常明显地反映了这个投射。他是下层中产阶级的典型代表，他什么也不是，既没有成功的机会，又没有辉煌的未来。

他深感自己是个被遗弃的人。他在《我的奋斗》中常把年青时代的自己说成“什么也不是”、“无名小卒”。但是，虽然这主要是其社会地位所致，但他却能在民族象征中找到“合理”借口。由于他出生在帝国之外，他主要觉得在国家民族上，而不是在社会上被排除在外。大德意志帝国的所有子女都可以回到她的怀抱，这一点对希特勒来说成为了其社会声誉和安全的象征。①

旧中产阶级觉得无能为力和焦虑，也觉得被孤立于整个社会之外，这种境况使他们萌发了破坏欲。纳粹主义的心理源泉并非只有这些。农民仇恨使他们负债的城市债权者，工人也深感失望和丧气，战争初期的一系列胜利之后是1918年政治上的不断败退，他们的领导层也不再有任何战略进取心。绝大多数人深感个人的微不足道和无能为力，我们早已说过这是垄断资本主义社会的一般典型特征。

那些心理状况并非纳粹主义的“原因”。它们只是纳粹主义的人的基础，没有它纳粹主义便无法发展。但是要分析纳粹主义兴盛的整个现象，就必须涉及更严格的经济及政治状况，当然也包括心理状况。考虑到与此有关的文献和本书特定的目的，似乎没必要再详细探讨这些经济和政治问题。但是，必须提醒读者注意大工业及处于半破产状态的容克地主的代表在纳粹主义确立过程中的作用。没有他们的支持，希特勒根本不会得逞。他们支持希特勒更多地是为了自己的经济利益，而不是出于心理原因。

这个有产阶级在议会里面对的是强大的反对派，其中40%的代表是社会主义和共产主义者，他们代表的是对现存社会制度不满的团体；另

---

① 参见阿道夫·希特勒《我的奋斗》，1940年版，第3页。

外，纳粹的代表也在不断增加，他们代表的是激烈反对强大的德国资本主义的那一阶级。议会中反对有产阶级经济利益的人占了多数，形成威胁他们之势。他们说民主根本不起作用。实际上也可以说民主的作用太大了。议会真正体现了德国各阶级的不同利益，仅仅出于这一点，需要保持特权的大工业及半封建土地所有者们就无法再与议会制度同床共枕了。这些特权集团的代表们希望纳粹主义将威胁他们的仇恨情感转移到其他方面，同时驱使整个国家为他们自己的经济利益服务，总的来说，他们并未失望，但在细节上无疑错了。希特勒及其属僚并非蒂森和克虏伯手中的工具，可以随便喝令，相反，他们不得不与纳粹分享权力，还常常屈服于他们。但是，虽然纳粹主义损害了所有其他阶级的经济利益，然而它却哺育了德国最强大的工业集团的利益。纳粹制度是战前德国帝国主义的翻版与继续，欲完成君主专制未完成的事业（然而，魏玛共和国并未真正打断德国垄断资本主义的发展，而是尽力推动了它）。

读者可能会有一个疑问：我们一方面说旧中产阶级是纳粹主义的心理基础，另一方面又说纳粹主义代表了德国帝国主义的利益，对此该如何解释呢？原则上，这个问题与资本主义兴起时的城市中产阶级的作用问题是一样的。一战后，中产阶级，尤其下层中产阶级，受到垄断资本主义的威胁。由此引发了他们的焦虑与仇恨。他们异常恐惧，非常渴望臣服于掌权者，同时也想统治那些无权者。另外一个阶级利用他们的这些感情，建立起为自己利益服务的独裁政权。希特勒被证明正是这样一个好工具，他集小资产阶级和投机分子的性格于一身。下层中产阶级在感情和社会上与满怀仇恨的小资产阶级是一样的，投机分子则准备为德国工业巨头和容克地主的利益卖命。起初，希特勒成了旧中产阶级的救世主，向他们允诺，要捣毁大商场，打碎银行资本的统治等等。这些都有确凿的记录，但他从未实现诺言。然而，这并不重要，纳粹主义从来就没有真正的政治经济原则。要明白，纳粹主义的惟一原则就是激进的机会主义，这是根本。重要的是数百万小资产阶级，按照常规发展渠道，他们根本没机会发财致富，也没机会获得权力。而一旦成为纳粹官僚机器的成员，他们就可以强迫上层阶级与之共享财富和声誉。其他非纳粹分子也可以从犹太人和政敌那里抢得饭碗。至于其他人，他们虽未得到更多的面包，但观看到了“热闹的演出”，得到了情感上的满足，这些施虐奇观和优于其他人类的感觉至少能暂时弥补他们在经济和文化上的贫穷。

我们已经看到，某些社会经济变化，尤其中产阶级的衰落和垄断资本权力的兴起，具有深远的心理效应。政治意识形态又加剧或系统化了这些效应——16 世纪则是宗教意识形态。由此引发的心理力量反而违背了中产阶级维护经济利益的初衷，成为对反对它的最有效工具。纳粹主义在心理上复活了下层中产阶级，但实际上却参与摧毁他们旧的社会经济地位。它集结了下层中产阶级的情感能量，把他们变成为德国帝国主义经济政治目标卖命的一支重要力量。

下面我们将表明，希特勒的人格、理论以及纳粹制度都是所谓“权威主义”性格结构的极端体现方式之一，他正是靠这个事实，强烈地吸引了那些多少有相同性格结构的人。

希特勒的自传是权威主义性格的一个极好例子。由于它是纳粹文献的最典型代表，所以我便把它作为分析纳粹主义心理学的主要资料。

权威主义性格的本质就是同时具有施虐和受虐冲动。施虐冲动的目的在于拥有和控制另一个人的无限权力，其中多少夹杂着破坏欲；受虐冲动的目的在于把自己完全消解在一个强大权力中，借此分享它的力量与荣耀。施虐和受虐倾向的原因都在于个人无法忍受孤立，需要借共生关系克服这种孤独。

渴求权力的施虐冲动在《我的奋斗》中暴露无遗，它是希特勒与群众及其政敌关系的特征。他对群众既蔑视又爱，是典型的施虐，对政敌的破坏欲则是他施虐冲动的一个重要组成部分。他述说了统治群众时的满足——“他们想要的是强者的胜利、弱者的灭亡或无条件投降”①、“女人……愿意臣服于强壮的男人而不愿统治软弱的男人，群众像女人一样，他们爱统治者而非恳求者，他们在内心里更喜欢不容忍任何反对者的教条，而不是喜欢自由。他们常常不知所措，不知用自由来做什么，甚至很容易觉得自己被抛弃了。他既认识不到给他们带来精神恐惧的无耻，更认识不到他们的人身自由被野蛮地剥夺，他们无论如何都不会明白这种教条的欺骗性”。②

他说，宣传的根本即在于演说者用优势力量摧毁听众的意志。他甚至毫不犹豫地承认，对听众施行肉体疲劳战术，是让他们接受建议的最佳条件之一。至于一天中哪个时间最适于群众集会，他说：“早晨或者白天，人的意志力似乎最激烈地反对旨在使其受强迫的另一个人的意志和意见。而到了晚上，他们更容易屈服于更强大的意志的统治，确实每次集会都是这两股势力的角逐。有使徒般专制性格的杰出演说家，在争取群众贯彻其意志方面，赢得那些自然而然地经历了一系列放弃反抗过程的群众，显然要比争取那些依然完全能控制其思想和意志力的群众容易得多”。③

希特勒自己非常清楚产生臣服渴望的这些条件，并对参加群众集会的

---

① 参见阿道夫·希特勒《我的奋斗》，1940年版，第469页。

② 同上书，第56页。

③ 同上书，第710页及其以下。

个人处境做了精彩的描述。

> 哪怕仅仅出于以下原因，群众集会也是必要的。个人成为一个新运动的信徒时，容易觉得孤独，害怕孤独，参加群众集会，个人可以首次看到一个更加庞大的共同体，这可以增强大多数人的力量，鼓舞他们的士气。……如果他首次迈出令自己备感渺小的小作坊或大工厂，去参加群众集会，被成千上万怀有同样信念的人所包围，他自己就会顺从于所谓集体暗示的魔力般的影响。①

戈培尔以同样的口吻描述群众。他在小说《米夏埃尔》中写道："人民除想受到体面的统治外，什么也不想要。"② 对他来说，群众"只不过是雕刻家手中的石头。毫无疑问，领袖与群众就如同画家与颜料"。③

戈培尔在另一本书中详细描述了施虐者对其对象的依赖，一旦失去了对某人的权力，施虐者就会觉得软弱和空虚，正是这种权力赋予他新力量。戈培尔是如此描绘自己的亲身体会的："有时人会陷入深深的压抑之中，只有在群众面前，才能克服它。群众是我们权力的源泉。"④

德国劳工阵线领袖莱十分露骨地鼓吹了那种主宰人民的特殊权力，也就是纳粹所说的统帅。他在提及纳粹领袖的素质及领袖的教育目的时写道："我们想知道，这些人是否有意愿做领袖、做主人，总之，他们是否想统治。……我们想统治并乐此不疲。……我们将教会这些人骑马……以

---

① 参见阿道夫·希特勒《我的奋斗》，第 715、716 页。
② 参见 J. 戈培尔《米夏埃尔》，1936 年版，第 57 页。
③ 同上书，第 21 页。
④ 参见 J. 戈培尔《从皇宫到首相府》，1934 年版，第 120 页。

便赋予他们一种绝对统治一个生命的感觉。”①

希特勒的教育目的也同样强调权力。他说学生的“全部教育与发展就在于给他一种绝对优于他人的信念”。②

他在别处宣称孩子要学会忍受不公正的待遇，但不能反抗。我希望读者不会再对此感到奇怪。这个矛盾是施虐–受虐二重性的典型特征，它既渴求权力，又渴望臣服。

渴望拥有对群众的权力，这正是那些“精英分子”，也就是纳粹领袖的动力。如上面引证的话所表明的，他们有时令人吃惊地坦言追求权力的欲望；有时则采取不那么咄咄逼人的方式，而是强调群众的愿望就是想被统治；有时他们又必须阿谀奉承群众，以玩弄阴谋来掩饰对群众的嘲讽与蔑视，比如打出自我保存本能的旗号，这几乎成了希特勒渴求权力的同义词。他说，自我保存本能在雅利安人那里达到了最高贵的形式，“因为他自愿让自我服从集体的生活，如果需要，他还会牺牲自我”。③

虽然“领袖”是首先享有权力的人，但这并不意味着群众施虐满足被剥夺了。群众施虐的对象是德国境内的少数民族及政治团体和后来其他所谓弱小衰退的国家。希特勒及其属僚对德国群众行使权力，他们又教导这些群众对其他国家行使权力，煽动他们去统治世界。

希特勒直言不讳地表示，他或他的政党的目的就是要统治世界。他取笑和平主义，说“确实，人类和平的想法也许非常好，但必须在最优秀的人首先征服世界，使他自己成为这个地球的惟一主人时才可能”。④

---

① 参见莱《通往奥登斯堡之路》，转引自康拉德·海登《抗拒欧洲的人》，1937年版。

② 参见希特勒《我的奋斗》，第618页。

③ 同上书，第408页。

④ 同上书，第394页及其以下。

他还说："在种族相仇的时代，致力于培养其最优秀的种族成分的国家有朝一日必将成为世界的主人。"①

希特勒常为自己渴求权力的愿望寻找合理借口。他的主要理由如下：他统治其他民族，完全是为了他们自己和世界文化的利益；渴求权力是出于永恒的自然规律，他只是认识并遵循规律而已；他本人受命于更高级的权力——上帝、命运、历史、自然；他想统治别人，这只是一种防卫，以免别人统治他和德国人民。他想要的只有和平与自由。

下面一段话摘自《我的奋斗》，是第一类合理借口的例子。

"如果德意志民族在历史发展过程中像其他民族那样团结统一，那么今天，德意志帝国就有可能成为这个世界的主宰"。希特勒声称，德国统治世界将带来"和平，支撑这种和平的不是痛哭流涕的和平主义职业女送葬人的棕榈枝，而是称霸民族的胜利之剑，它使世界服务于一种更高级的文化"。②

近几年，他信誓旦旦地向人们表明他的目的不仅在于德国的富强，而且他的行为是为了文明的最大总体利益。任何一位读报纸的人都知道。

第二类借口，即渴求权力是出于永恒的自然规律，而不仅仅是个借口；它还起源于渴望臣服于外在的权力，希特勒对达尔文主义粗暴庸俗的解释尤其表明了这一点。从"物种的保存本能中"，希特勒看到了"人类共同体形成的第一个原因"。③

这种自我保存本能导致强者力争统治弱者的斗争，最终适者生存。希特勒把自我保存本能等同于主宰他人的权力，并在下述假设中尤为醒目地

① 参见希特勒《我的奋斗》，第994页。

② 同上书，第598页及其以下。

③ 同上书，第197页。

表达出来："人类的第一个文化肯定不依赖于驯化的动物，而依赖于使用劣等民族。"①他把自己的施虐狂投射到自然上，说它是"统辖智慧生命的残忍女皇"，②她的保存法则"必定是世上最优秀最强大的人胜利的权力法则，这是铁的必然"。③

有趣的是，和这种庸俗达尔文主义联系在一起的，是作为"社会主义者"的希特勒大力提倡无限制的自由竞争原则。在反驳不同民族主义群体合作的观点时，他说："这么一联合，公平竞争精神便终结了，择优的斗争也停止了，相应地，健康强壮的人必须并最终胜利的规律也永远被阻断了。"④他在别处又把公平竞争精神视为生命的智慧。

毫无疑问，达尔文的此类理论并非表达了施虐-受虐性格者的感情。相反，对它的许多信徒来说，它倡导人进化到更高级的文化阶段。然而，对希特勒来说，它既表达了自己的施虐狂，同时又成了他的施虐狂的借口。他非常天真地表露了达尔文理论对他的心理意义。他生活在慕尼黑时，常在早晨五点钟醒来，那时他还是个无名小卒。他"养成了一个习惯，把面包片或碎面包皮扔给他屋里的小老鼠，然后静观这些可笑的小动物争夺这点美味佳肴"。⑤这个"游戏"就是小规模的达尔文所谓的"生存斗争"。对希特勒来说，它就是用小资产阶级代替罗马皇帝的竞技表演，是他要导演的历史竞技的一次预演。

希特勒的著作中还清楚地体现了他为自己的施虐狂寻找的最后一个借口，即防卫别人攻击。他和德国人始终是无辜的，敌人则是暴虐的

---

① 参见希特勒《我的奋斗》，第405页。

② 同上书，第170页。

③ 同上书，第396页。

④ 同上书，第761页。

⑤ 同上书，第295页。

野兽。这个宣传的许多成分是故意的谎话。然而，它部分地还具有妄想狂控诉所具有的感情“真诚”。这些控诉总能保护自己，以免别人发现他的施虐狂或破坏欲。其模式如下：有施虐倾向的是你，因此我是无辜的。希特勒的这种防卫机制达到了非理性的极端，因为他指控敌人的东西，恰恰就是他的目的，对此他坦然承认。因此，他反对犹太人、共产主义者和法国人的那些罪状，又成了他自己行动的合法目的。他懒得费神找理由掩盖这个矛盾。他指控犹太人把法国非洲人部队带到莱茵地区，存心想破坏白人血统，使人种混杂，这样他们“自己就随之上升为主人。”①

希特勒肯定察觉到了这个矛盾：他谴责其他民族的事，正是他声称的其种族的最高贵目标，他竭力为自己找借口，欲调和其中的矛盾，说犹太人的自我保存本能中缺乏雅利安人想当主人的理想品质。②

他还同样攻击法国，说他们想控制德国，削弱它的实力，根据这条罪状，德国必须摧毁“法国追求欧洲霸权”的野心。③但他又承认，如果他处在克列孟梭的位置上，他也会像他那样谋求霸权。④他攻击共产主义者残忍，说马克思主义的胜利是由于它的政治意志和残忍的活动。然而，希特勒又同时声称：“德意志真正缺乏的是残忍的权力与真正的政治意图的密切合作。”⑤

1938年的捷克危机和目前战争中有很多这类例子。纳粹的每个侵略压迫行为都被说成了防卫别国的压迫。可以设想，这些罪状只不过是诬告，

---

① 参见希特勒《我的奋斗》，第448页及其以下。

② 同上书，第414页。

③ 同上书，第966页。

④ 同上书，第978页。

⑤ 同上书，第783页。

也没有反对犹太人、法国人的妄想狂的“真诚”色彩。但它仍有明确的宣传价值，有一部分人，尤其是下层中产阶级，他们的性格结构中有与这些妄想狂控诉相似之处，使他们更易于相信这些宣传。

希特勒也声称自己的政治目的是为民族的自由而奋斗，但当他说到那些与他目的相同的无权者时，却表现得格外轻蔑。也许没有什么比对无权者革命的蔑视，更能体现希特勒对民族自由的兴趣的虚伪性了。他用嘲讽轻蔑的口吻讲到他最初在慕尼黑参加过的国家社会主义者小团体，叙述了他第一次参加会议时的印象：“糟透了，糟透了！这是一种最差劲的俱乐部。这就是我要参加的俱乐部吗？接着就是讨论新成员的资格问题，这意味着，我也被逮住了。”①

他称之为“荒唐的低起点”，其惟一利处在于“为个人的真正活动提供机会”。②希特勒说他本不该加入任何现存的大政党，这种态度是他的典型特征。他必须从令他觉得卑劣弱小的群体起步。如果他被迫与现存权力做斗争或与同他旗鼓相当的人竞争的话，他的创造力和勇气就不会被激发起来。

他在写印度革命时也同样表现出蔑视无权者。这位比任何人都起劲地打着民族自由旗号谋私利的人，对那些为民族自由敢于抗击强大的大英帝国的无权革命者却只有蔑视。希特勒说，他记得“有些亚洲托钵僧，或者一些真正‘争取自由’的印度人，他们奔走在欧洲各地，竞相让那些本来很聪明的人相信其固持的观点，即，大英帝国的基石在印度，它在那里的统治正处在崩溃的边缘。但是，印度的叛乱永远实现不了这个想法。……一群乌合之众欲撼动强大的国家，实属不可能之举。……由于我对他们种

---

① 参见希特勒《我的奋斗》，第298页。
② 同上书，第300页。

族低劣性的认识，我根本不会把我自己国家的命运同这些所谓‘被压迫民族’联系起来。”①

施虐–受虐性格的典型特征便是爱有权者，恨无权者，这颇能说明希特勒及其党徒的许多政治行动。魏玛共和国政府本想用温和的手段“绥靖”纳粹，然而，由于他们缺乏权力，行动也不坚决果断，结果不但没能绥靖他们，反而激起了他们的仇恨。希特勒仇恨魏玛共和国是因为它软弱，他羡慕工业及军事领袖是因为他们有权力。他从未反对既存的强大权力，却总是反对他认为根本无权的那些人。希特勒和墨索里尼的“革命”都是在现存权力的保护下进行的，其最中意的目标便是那些无力自卫的人。甚至可以设想，除其他因素外，这种心理情结也决定了希特勒对大英帝国的态度，只要他觉得英国很强大，他便爱恋羡慕它。他的书便体现了对英国的这种爱。当他在慕尼黑阴谋前后看到英国的软弱处境时，便由爱转恨，并想摧毁它。由此看来，对有希特勒之类人格的人来说：“绥靖”政策根本不会产生友谊，而只能是仇恨。

至此，我们讲的都是希特勒意识形态中的**施虐倾向**。然而，我们在讨论权威主义性格时已经看到，**受虐倾向**与施虐倾向是并存的。除想统治无助者的愿望外，还有臣服于压倒一切的强大权力，并消灭自我的愿望。纳粹意识形态的这种受虐面与实践在群众中的表现最明显。他们被反复灌输的是：个人微不足道，不值一提。个人应当接受这种个人的微不足道，把自我融入更强大的权力中，并分享这个权力的力量与荣耀，借此而自豪。希特勒在他的理想主义定义中明确表达了这种思想，他说：“只有理想主义才能引导人自愿承认力量和实力的特权，使他们成为构造整个宇宙秩序

① 参见希特勒《我的奋斗》，第955页及其以下。

的一粒尘埃。”①

戈培尔对社会主义的定义亦如此。他写道：“做一名社会主义者，就是我臣服于你，社会主义就是为整体牺牲个人。”②

对希特勒来说，牺牲个人，使个人沦为一粒尘埃、一个原子，这意味着放弃伸张个人观点、利益和幸福的权利。这种放弃便是一种政治组织的本质，在这种政治组织中，“个人放弃他的观点和利益……”③他赞扬“无私”，还鼓吹“在寻找个人的幸福中，人们会从天堂跌入地狱”。④教育的目的便是要个人不伸张自我。学校的孩子早就必须学会“不但在受到公正的责难时保持沉默，必要时还要默默忍受不公正的对待”。⑤他写道，他的最终目标便是：“在种族国家里，种族的生命观最终成功地带来一个更高贵的时代。那时，人们明白他们关心的不再是喂养狗、马和猫，而是提高人类自己。那时，一个有意默默放弃自己，另一个则乐于奉献和牺牲。”⑥

这句话有点令人不解。我们本可以想象，他说完“有意默默放弃”的那类个人后，会接着说与此相反的那类个人，即，肩负领导责任的那类人。但事实并非如此，希特勒把“另一类”人也定义为有牺牲自己的能力。很难理解“默默放弃”与“乐于牺牲”之间的不同。如果我可以斗胆猜测的话，我相信希特勒在思想上真的想区分那些应退缩的群众和那些应统治的统治者。但是，虽然他常公开承认他及“精英”们渴求权力的欲望，可却又常否定它。在这句话中，他显然不想那么坦率，因此便找了一

---

① 参见希特勒《我的奋斗》，第411页。
② 参见戈培尔《米夏埃尔》，第25页。
③ 参见希特勒《我的奋斗》，第408页。
④ 同上书，第412页。
⑤ 同上书，第620页及其以下。
⑥ 同上书，第610页。

个借口，用“乐于奉献和牺牲”的愿望代替统治欲望。

希特勒清楚，他的自我否定和牺牲哲学是针对那些其经济境况使他们无法得到幸福的人。他并不想带来一个使人人都可以获得个人幸福的社会秩序，他想剥削真正贫穷的群众，以便让他们相信他的自我消灭福音。他很坦率地宣称：“我们求助于那些大军，他们如此贫穷以至于他们个人的生活不可能是这个世界上最幸福的……”①

这种自我牺牲的全部说教有一个明确目的：如果领袖和“精英”的权力欲要实现的话，群众必须放弃自我并臣服于他们。但希特勒本人也有这种受虐渴望。他臣服的强大权力是上帝、命运、必然、历史、自然。实际上，这些术语对他的含义是相同的，即象征着一个压倒一切的强大权力。他是这样开始他的自传的，对他来说：“**命运**安排我出生在因河畔布劳瑙，这是个好运。”②他还接着说全体日耳曼人必须联合为一个国家，只有到那时，当这个国家对他们全体人来说已变得太小时，**必然**会赋予他们“道德权利，去获取土地和领地”。③

对他来说，1914～1918年战争的失败是“**永恒报应**的应得惩罚”。④种族混杂的国家“冒犯了永恒的**天意**”，⑤或如他另一次所说，“冒犯了永恒的**造物主**的意志”。⑥日耳曼人的使命是由“宇宙的创造者”安排的。⑦**天**优于人，人可侥幸欺骗愚弄人，但“天是不受贿的。”⑧

---

① 参见希特勒《我的奋斗》，第610页。
② 同上书，第1页。
③ 同上书，第3页。
④ 同上书，第309页。
⑤ 同上书，第452页。
⑥ 同上书，第392页。
⑦ 同上书，第289页。
⑧ 同上书，第972页。

比上帝、天意和命运更令希特勒印象深刻的权力是**自然**。近四百年的历史发展表明，支配自然取代支配人已成为趋势，但希特勒又坚持认为一个人可以而且应该统治人，但不能统治自然。我早已引过他的话，即人类的历史不始于驯化动物，而始于统治劣等民族。他嘲笑人能征服自然的观点，取笑那些自认为是自然的征服者的人“惟一的武器就是一个‘想法’而已”。他说人“并未主宰自然，而是在知道一些自然的规律和秘密的基础上，上升到其他生灵的主人地位，因它们没有这些知识”。① 我们又一次看到了同样的思想：自然是我们不得不臣服的伟大权力，我们主宰的只能是生灵。

我已竭力表明希特勒的著作体现了权威主义性格的两种基本倾向：渴求支配他人的权力，渴望臣服于一种压倒一切的强大的外在权力，希特勒的思想多少与纳粹党的意识形态是等同的。他书中的思想就是他在不计其数的演说中阐发的思想，正是借它他才赢得了群众，使他们成为他的党徒。由他的人格——自卑、仇恨生命、禁欲主义、嫉妒享受生活的人而致的这种意识形态是施虐–受虐冲动的土壤。它被散布给那些有同样性格结构的人，他们被这些教义所吸引、所鼓动，并成为表达他们感受的那个人的狂热信徒。但是，满足下层中产阶级的不仅仅是纳粹意识形态，而且还有把意识形态的允诺变为现实的政治实践。一套等级制度形成了，其中每个人上面都有一个他要臣服的人，下面则是他有权支配的人；高层顶端的领袖则把自己淹没在高高在上的命运、历史、自然之类的权力中。这样，纳粹意识形态和实践就满足了从部分人的性格结构中生发的欲望，也给那些虽不愿意支配和臣服，但已退缩并放弃了对生活、对自己的决定甚至对

---

① 参见希特勒《我的奋斗》，第 393 页及其以下。

一切的信念的人们，指明了方向。

这些思考对预测纳粹主义在未来的稳定能提供什么线索吗？我还不敢预言。不过，有几点似乎值得一提，如由我们所讨论的心理前提产生的后果。在这一心理条件下，纳粹主义不能满足人民的情感需求吗？这种心理作用难道不是有益于纳粹日益稳定的一个因素吗？

从迄今为止所讨论的全部内容来看，这个问题的答案显然是消极的。人的个体化，所有“始发纽带”的破坏，都是无法逆转的事实。中世纪世界被毁坏的过程用了四百多年，直到我们这个时代才完成。除非整个工业制度、整个生产方式被毁坏，并恢复到前工业化时的状态，否则，人将是一个个人，一个从周围的世界完全脱颖而出的个人。我们早已看到人无法忍受这种消极自由，他力图逃避到新的纽带中，代替他已放弃的始发纽带。但这些新纽带并未真正使他与世界合为一体。为了获得新的安全，他付出了代价，放弃了自我的完整。他与这些权威间事实上的二分并未消失。虽然他可能自觉自愿地臣服于这些权威，但它们却阻碍摧残了他的生命。与此同时，他生活在一个这样的世界里：它不但让他发展为一个“原子”，而且也为他提供了发展成为一个个人的全部潜力。现代工业制度不但有能力为每个人提供安定经济生活的手段，而且也能为人充分展示自己的智力、感官及情感潜能创造物质基础，同时又能大大缩减工作时间。

权威主义意识形态及实践的作用可以与神经症症状的作用相比。这些症状是源于无法忍受的心理状态，同时又提供了一种治疗方案，使生命成为可能。但它们并非通向幸福和人格发展的良策。状态依旧，治疗精神病症迫在眉睫。如果可能的话，人总是想寻找最满意的治疗办法，这是人性动力的一个重要方面。个人的孤独与无能为力，他追求自我潜力的实现，现代工业生产能力的日益提高之事实，这些便是构成不断追求自由和幸福的动态因素。遁入共生可暂时减轻痛苦，但并不能消除痛苦。人类的历史便是个体化不断加深的历史，但亦是自由不断增大的历史。追求自由并非一种形而上学的力量，也不能用自然规律来解释；它是个体化进程的必然结果，也是文化进步的必然结果。权威主义制度并不能抹煞人追求自由的基本条件，也不能消灭源于这条件的对自由的追求。

第七章　自由与民主

（一）个体之错觉

在前面几章中，我力图揭示，横贯现代工业制度，尤其垄断阶段的某些因素，促成了一种深感无权力、孤独焦虑和不安的人格。我还探讨了德国的具体条件，正是这些具体条件使一些德国人成了权威主义性格的意识形态和政治实践的温床。

但我们自己的情况又如何呢？威胁我们民主制度的仅仅是大西洋彼岸的法西斯主义，或是我们内部的“第五纵队”吗？如果事实确实如此，那么，形势虽很严峻，但却并不危险。然而，虽然我们必须严肃对待来自国内外的法西斯主义的威胁，但最错误、最危险的是，我们认识不到我们自己的社会也面临着同样的现象，法西斯主义兴起的温床——个人的微不足道感和无能为力感同样也存在于我们的社会中。

这个论点对传统的信念构成了威胁。传统信念认为，现代民主制度把个人从所有外在束缚中解放出来，实现了真正的个人主义。我们引以为荣的是我们不屈服于任何外在权威，我们可以自由表达自己的思想与感情，并想当然地认为这个自由几乎自动地保证了我们的个性。然而，**表达我们思想的权利，只有在我们能够有自己的思想时才有意义。**只有内在的心理状况能使我们确立自己的个性时，摆脱外在的权威，获得自由才是永久的。我们实现那个目标了吗？或我们至少在靠近它吗？本书讨论的是人的因素，因此，它的任务恰恰就是要批判地分析这个问题。为此，我们必须重新拾起前几章讨论的主题。在讨论自由给现代人带来的两方面影响时，我们早已指出使我们时代的个人日益孤立和无能为力的经济条件；在讨论心理结果时，我们已表明这种无能为力感会产生两种逃避方式：一是权威主义性格的逃避机制，另一种是孤立的个人变成机器人，失去自我的同时强迫性趋同，但又在主观意识上认为自己是自由的，只服从自我。

重要的是要研究我们的文化是怎样促成这种趋同趋势的，哪怕篇幅有限，只能举几个突出的例子。自发感觉及真个性的发展很早就受到压抑，实际上，从最早对儿童的训练培养时起就开始了。① 即便教育的真正目的在于促进儿童的内在独立和个性，在于促进其成长与完善，这也并不是说非要压抑自发性才行。事实上，加于成长儿童身上的此类教育限制只不过是他们成长和壮大过程中的暂时措施。然而，在我们的文化中，教育的结果常常却是扼杀了自发性，外加的（Superimposed）感觉、思想和愿望取代了原始的心理活动（请允许我再重复一遍，所谓原始的并非指别人以前从未想到过的思想观念，而是指它生发于个人，是他自己活动的结果，在这个意义上是**他的**思想）。随便举个例子来说吧！最早要压抑的**感觉**之一便是敌视和厌恶。起初，许多儿童由于与阻碍他们发展的周围世界发生冲突，都有一定程度的敌视和叛逆倾向，由于他们势单力孤，便不得不常常屈服。教育过程的根本目的之一便是除掉这种敌对反应。采用的方式各异，从恐吓和惩罚，把儿童吓

① 据A.哈尔托赫的信息（由M.盖伊、A.哈尔托赫和L.B.墨菲联合主持的对S.劳伦斯幼儿园儿童进行的个案研究，该书即将出版），用罗夏测验法（Rorschach tests）对3～5岁的儿童进行实验的结果表明，儿童保存自发性的企图上升为他们与权威成人的主要冲突。

怕，到巧妙的哄骗或“耐心解释”，把儿童弄糊涂，使他完全放弃他的敌视，不一而足。儿童开始放弃表达自己的感觉，并最终放弃了感觉本身。此外，还教育他不要理会他人的敌视与不诚实，要压抑自己的这种意识。但有时这是非常不容易的，因为儿童有注意此类消极品质的能力，大人的花言巧语通常不容易蒙骗他们。他们仍“无缘无故”地厌恶某人——惟一的原因就是觉得那个人身上透出的都是敌视与不诚实。这种反应很快就受到打击；儿童不久便达到了一般成年人的“成熟”程度，并丧失了辨别好人与坏人的能力，只要坏人不在光天化日之下为非作歹。

另一方面，在早期的教育中，人们教导儿童要有根本不是“他的”感觉，要特别喜欢人，要与人为善，要微笑待人。教育没达到的目的常常在后来的生活中由社会压力来完成。如果你不面带微笑，别人就会说你缺乏“令人愉快的人格”，如果想买卖成功的话，无论你是个女服务员、售货员还是医生，都必须有令人愉快的人格。只有那些处在社会金字塔底层和顶端的人用不着如此，前者靠出卖劳力为生，后者则没必要特别“招人喜欢”。友好、欢愉及微笑能够表达的所有东西，都像电开关一样，成了自动的反应①。

毫无疑问，在很多场合下，人们清楚这仅仅是一种姿态；然而，在大多数场合下，他失去了这种意识，并失去了辨别伪感觉与自发友善的

---

① 我想引用《财富》杂志一篇关于霍华德·约翰逊饭店的报道，来表明商业方面友善态度的重要性。(《财富》，1940 年 9 月，第 96 页。) 约翰逊雇了一批“顾客”，要他们一个饭店接一个饭店地挑毛病。“因为所有的食物都是按照食谱及地方政府制定的标准做成的，挑毛病的人知道每块牛排应该有多大，蔬菜的味道该如何。他还知道准备一顿午餐需要多长时间，他还清楚女经理和女服务员对顾客的友好、热情程度该如何”。

能力。

直接受到压抑的不仅仅是敌视，被外加的虚假友善扼杀的也不仅仅是友善。大量自发的情感受到了压抑，并被伪情感取而代之。弗洛伊德就抓住了一种这样的压抑，并把它作为他整个理论体系的中心，这便是性压抑。虽然我相信性快感的受抑并非自发反应受抑的惟一重要形式，而是许多种中的一种，但它的重要性是毋庸置疑、不容低估的。它的后果在性抑制方面是显而易见的，同样显而易见的一种情况是，有时性成了一种强迫性的东西，人像酗酒或吸毒那样沉醉其中，实际上却并无任何特殊乐趣，只能使人忘掉自我。无论是这两种结果中的哪一种，由于强烈的性欲受到压抑，这不仅影响了性方面，而且削弱了人在其他所有方面自发表达的勇气。

总的来说，在我们的社会里，情感是大受其挫的。当然，所有创造性思想及其他创造活动无疑是与情感密不可分的，但不带情感去思想和生活已成为理想。“有情感”已成为不健全、不正常的同义词。个人接受了这个标准，变得异常软弱，他的思想贫乏，平淡无奇。另一方面，由于情感并不能完全被扼杀掉，它们必须完全脱离人格的思想而存在。结果，电影和流行歌曲把廉价、虚假的多愁善感填塞给数百万患情感饥渴症的顾客们。

我想专门指出一种情感禁忌——悲剧感，因为对它的压抑深深触动了人格的根基。我们在上一章已看到无论人朦胧地还是清楚地意识到，人的基本特征之一便是死亡意识及生命悲剧面的意识。每种文化都有自己的一套应付死亡问题的办法。对那些个体化进程甚微的社会来说，个人存在的结局便不成其为问题，因为个人存在之经验本身就没怎么发展。死亡与生存尚未有根本区别。我们发现，在个体化发展程度较高的文化中，人们是根据文化的社会及心理结构来对待死亡问题的。希腊人强调生，认为死亡不过是生的一种朦胧凄惨的继续。埃及人寄希望于人的肉体不灭的信仰，至少人活着时表现出来的力量不可毁灭。犹太人承认死亡现实，因而能用人类最终在这个世界上达到的幸福正义国度之幻想来调和个人生命的毁灭之思想。基督教把死亡变成非真实的东西，并力图安慰不幸福的个人，向他们许诺来生。我们这个时代简单地否认死亡，并没把它作为生命的一个基本方面。不但不把死亡意识和苦难作为生命的强大动力之一，使它成为人类团结一致的基础，成为一种经历，没有它人就无法体会到欢乐和热情的强度和深度；相反，个人却被迫压抑它。但是，压抑总是如此，它虽让被压抑的因素从视野中消失了，但它仍然存在。因此，恐惧死亡便成了我们中间的非法存在物。人虽企图否定它，但它仍然长生不息，由于受到压抑，仍没有什么结果。它成了人生其他经历平淡无奇的原因之一，成了生活不稳定的原因，我还可以冒昧地说，它说明为什么这个国家在举行葬礼时那么铺张浪费。

在情感禁忌的过程中，现代精神病学扮演了一个暧昧角色。一方面，它的最伟大代表弗洛伊德打破了人类思想的理性、目的性特征的虚构，开辟了一条新路，可以深入人类激情的迷宫。另一方面，弗洛伊德的这些成就极大地丰富了精神病学，但后者又把自己变为操纵人格普遍趋势的一种工具。许多精神病医生，包括心理分析医生，把“正常的”人格描绘成一幅既不过分悲伤、愤怒，更不兴奋的图画。他们把不与“正常”个人的传统人格模式保持一致的人格特质或人格类型斥责为“幼稚”或“神经症”。从某种程度上讲，这种影响要比更陈旧、更坦率的指名道姓方式的影响危险得多。那样，个人至少知道有人或有理论在批判他，他也可以还击。但谁能反击“科学”?

原创性**思想**也与感觉及情感一样遭到扭曲。从一开始起，教育就不鼓励原创性思想，就把准备好的思想灌输到人的脑子里。我们很容易在少儿那里看到这是如何完成的。他们对世界充满了好奇，想从物质上和思想上把握它。他们想知道真理，因为在一个陌生强大的世界里，那是自我定位并寻找方向的最安全办法。相反，他们并未受到认真对待，无论态度如何，都没多大关系，或公开蔑视，或假惺惺地献殷勤，这通常针对那些无权的人（如儿童、老人及病人）。虽然这种态度严重地挫伤了儿童的独立思考能力，但这不算最坏的，最坏的是往往出于无意的不诚实，而这正是一般成人对待儿童的典型方式。这种不诚实的表现方式之一便是成人把关于世界的虚构假象灌输给儿童。如果问起到撒哈拉沙漠探险要准备些什么，便用有关北极生活的情形来教导他。除对世界的这种普遍虚构外，还有许多特殊的谎言，由于种种个人原因，成人不想让儿童知道，便撒谎来掩盖事实。成人发脾气是对儿童的行为表示不满，他们掩饰自己的性行为及争吵，至于其中的原因，儿童是“不应该知道的”，一旦儿童问起，成人不是粗暴地斥责，便是礼貌地拒绝。

于是儿童便准备好上小学，直至进入大学。我想简单提一下目前的一些教育方法，它们实际上进一步打击了原创性思想。一是强调掌握关于事实的知识，说强调信息倒更确切些。有一种可悲的迷信思想泛滥成灾，即，只要知道越来越多的事实，便能获得真实知识。一堆堆零乱、互不相干的事实被灌输到学生的脑子里，他们的时间和精力全都耗费在学习越来越多的事实上，根本没有思考的时间。当然，没有事实知识的思考是假大空，但只有“信息”同缺乏信息一样，都是思考的障碍。

另一种与此密切相关的打击原创性思想的办法，便是认为真理是相对的。① 真理成了一个形而上学概念，如果有人说他想发现真理，就会被我们时代的“进步”思想家视为开倒车。他们宣称真理完全是一种主观的东西，是一种审美体验。科学努力必须排除主观因素，其主要目的在于不带任何情感与利益因素观察世界。科学家对待事实，必须像外科医生治疗病人那样，要双手消毒。这种相对主义常常自命为经验主义或实证主义，自我标榜注重字词的正确用法，其结果便是思想丧失了最主要的刺激——思想者的愿望与利益；相反，它成了一种注册“事实”的机器。实际上，正如思想一般产生于支配物质生活的需求，追求真理的根源也在于个人和社会群体的利益和需求。没有这种利益，寻求真理的动力也就丧失了。真理总能促进某些群体的利益，他们的代表就是人类思想的先驱；而也有一些群体则靠掩盖真理来促进自己的利益。只有在后一种情况下，利益才对真理构成伤害。所以，问题的关键不在于有**一种**利益作为动机存在，而在于是**哪种**利益作为动机存在。可以说，人人都有某种渴望真理的欲望，这是因为人人都需要它。

真理首先能使人在外面的世界里定位，对儿童来说，它的作用尤为明显。每个人在儿童时期都要经历一种无能为力的状态，真理就成了那些无权力者的最强大武器。但真理之于个人的利益，在于它不仅能使人在外面的世界里定位，而且他自己的力量在很大程度上取决于他对自我真理的认识程度。对自我的错觉能成为那些无法独立行走者的拐杖，但同时也使他

---

① 参见 R. 林德的《知识为什么？》，1939 年版；关于其哲学方面，参见 M. 霍克海默尔的“论当前哲学中的理性主义争论”，载于《社会研究期刊》，1934 年版，第 3 卷。

们的弱点越来越突出。个人最大力量的基础在于人格最大限度地整合，这也就意味着以最大限度地认清自己为基础。“认识你自己”是人获得力量和幸福的根本要求之一。

除上述因素外，还有其他因素把普通成人所剩无几的创造思想弄得一团糟。对于个人和社会生活的所有基本问题，对于心理、经济、政治及道德问题，我们大部分的文化所能做的只有一点，就是就这些问题把人弄糊涂。烟幕之一是断言这些问题太复杂了，一般个人根本弄不明白。同时相反的信息又表示许多个人社会生活的基本问题非常简单，简单到实际上每个人都应该能够理解的程度。为了把这些问题搞得错综复杂，似乎只有“专家”才能弄明白（实际上，专家也只有在他自己的有限领域内才明白），专家常常故意打击人的自信心，让他们不相信自己有能力思考那些真正重要的问题。个人陷入数据的迷宫中，觉得无助，只好傻呆呆地静等专家来告诉他如何做、去向何方。

这种影响的结果是双重的，一是怀疑讽刺所有宣传的或印刷的东西，二是天真地相信权威所说的任何东西。讥讽与天真二者的集合，便是现代个人的典型特征。其根本后果便是打击自己思考、自己决策的能力。

麻痹批判思维能力的另一种方法是，破坏所有对世界的结构性看法。由于事实已不再是一个结构性整体的组成部分，因此，它便丧失了特性，仅仅是抽象的量的东西；每个事实只不过是**又一个事实**，惟一重要的是我们知道多少。对此，收音机、电影和报纸的影响是灾难性的。刚刚播完某个城市遭到轰炸及人员伤亡的消息，接着就是香皂或酒广告，有时甚至在播新闻时突然无耻地插播广告。同一个播音员，用同一种诱惑性的、讨好的权威性语调，刚刚向听众展示完政治局势的严峻性，又接着向听众鼓吹某种牌子香皂的优点，因为厂商付了广告费。随关于鱼雷快艇的新闻片接踵而至的是时装表演片。报纸报道重要的科学或艺术新闻，但也以同样的篇幅煞有介事地登载陈腐的思想或初出茅庐的女演员的早餐习惯。凡此种种，我们听到的与我们不再有真正的关联。我们不再兴奋，我们的情感和批判判断被捆住了手脚，最终我们对世界上发生的事也视而不见、漠不关心了。在“自由”的盛名下，生命丧失了全部结构，它由许许多多的小碎片拼凑而成，各自分离，没有任何整体感。个人像儿童面对一堆积木一样独自面对这些碎片。然而，不同的是，儿童知道房子的样子如何，因此能忆起房子的某些部分。成人从手中的碎片里则看不出“整体”的意义。他困惑恐惧，只是盯着这些无意义的小碎片，看个不停。

我们说感觉和思想缺乏“原创性”，其实**愿望**活动也如此，承认这一点尤为困难。现代人好像有太多的愿望，惟一的问题似乎就是，虽然知道自己所想的是什么，但就是无法实现。我们的全部精力都花在得到我们想得到的目的上，但多数人从未对这个活动的前提提出过疑问，即，他们知道他们真正的愿望。他们没停下来想一想，他们正在孜孜以求的目标是否是自己所想的。上学时想有个好成绩，成年时则想越来越成功，想赚大钱，声名显赫，有辆高级车，还能周游各地等等。然而，一旦他们在这些狂热的活动中突然停下来想一想，问题就来了，“如果我真得到这份新工作，如果我真的有辆高级车，如果我真能外出旅游，那又能怎样？这些都有什么用？我真的想得到这些东西吗？我追求的目标是什么？原以为会给我带来幸福，可一旦实现却又会令我大失所望？”这些问题一旦出现，是十分可怕的，因为它对人整个活动的基础，对自己的愿望提出了质疑。因此，人一旦有了这些烦人的念头，多半会尽快打消它们。他们觉得之所以受这些问题的困扰，是因为它们太烦人、太令人丧气了，于是他们继续追求自认为是自己的目标。

不过，所有这些只是隐隐约约地表明了一个真理——现代人生活在幻觉中，他自以为知道自己想要的东西是什么，而实际上他想要的只不过是**别人期望他**要的东西。要使大家接受这个真理，就必须认识到，弄清楚一个人真正想要什么并不像多数人想的那么容易，而是人必须解决的最大的难题之一。我们往往直接避开这项工作，而把时尚追求视为自己真正的目标。现代人在力图实现被认为是“他的”目标时是准备冒极大的风险的；但却非常害怕为自己、替自己的目标去冒险，去承担责任。人们常常错误地以为积极行动（intense activity）是行为自决的证据，虽然我们明明知道这与演员或处于催眠状态下的人的举动没多大差别，都不是自发的。当一出戏的总体剧情确定下来时，每位演员都能卖力地扮演分配给自己的角色，甚至能演得惟妙惟肖，不乏创新之处。但他只是在扮演一个分配给他的角色。

我们的愿望、思想及感觉并不真是我们自己的，而是外界加于我们的。要认清其程度如何，是尤其困难的，它与权威及自由问题密切相关。在现代历史的进程中，国家的权威取代了教会权威，良心权威取代了国家权威，到了我们这个时代，常识及作为趋同工具的公共舆论之类的匿名权威又取代了良心权威。因为我们已把自己从旧式的公开权威中解放出来，所以我们看不到自己又成了一种新权威的牺牲品。我们变成了机器人，生活在个人自决（selfwilling）的幻觉中。这种幻觉有助于个人意识到自己的不安全，但它的帮助也仅此而已。由于个人自我在根本上受到削弱，所以个人觉得无能为力和极度不安全。他生活在一个与之真正失去关联的世界里，其中的任何人、任何事物都工具化了，他成为自己亲手制造的机器的一部分。他所思、所感、所愿都是别人期望的样子，而他却自认为是自己的。正是在这个过程中，他丧失了自我，而自我则是自由个人真正安全的基础。

自我的丧失加剧了趋同的必要性，因为它使人对自己的身份深表怀疑，如果我只是我以为别人期望的我，除此之外什么都不是，那“我”是谁？我们已经看到，随着中世纪秩序的破坏，随着个人在其中的毋庸置疑的位置不复存在，对自我的怀疑就开始了。自笛卡儿以来，现代哲学的一个重大问题就是个人的身份（identity）问题。今天，我们想当然地认为我们就是我们。然而，对我们自己的怀疑仍然存在，甚至越来越强烈。皮兰德娄（Pirandello）表达了现代人的这种感觉。他劈头就问：我是谁？除了肉体自我的连续性外，我还能拿什么证明我自己的身份？他的答案与笛卡尔的不同，他不是肯定个人自我，而是否定它：我没有身份，没有自我，只有别人期望我成为什么样子的自我的映像，我就是“你所期望的我”。

身份的丧失使得趋同更为迫切，它意味着只有严格按照他人的期望生活，才能确信自我存在。否则就会有危险，不但可能被唾弃和日益遭受孤立，而且有可能丧失人格的身份，这意味着对健全的精神构成威胁。

通过与他人的期望趋同，不与众不同，这些对自己身份的疑问便悄无声息了，人也获得了某些安全。然而，代价实在太昂贵了。放弃自发性与身份，其结果是生命受阻。从心理角度讲，尽管人仍是个活生生的生物体，但他已成了一个机器人，在情感和心智上已经死亡。虽然还活着，可他的生命却像沙子一样从指缝里溜走了。掩藏在现代人满足与乐观主义表面之下的是深深的痛苦和不幸。实际上，现代人挣扎在绝望的边缘上，紧紧地抓住个性这个概念不放，想“与众不同”，而且只想“与众不同”，其他什么都不要。买火车票时，会知道售票员的名字；手提包、扑克牌、袖珍收音机都“个人化”了。制造者们都把自己的姓名缩写刻在上面。所有这些都表明，人们渴望“与众不同”，不过这几乎是个性的最后一点残迹。现代人渴望生活。但是，由于成了机器人，所以他无法在自发性活动这一意义上生活了，他所有的兴奋与刺激，如吃喝、参加体育活动，看到银幕上的人物形象时产生的激动，都非自发的。

那么，对现代人来说，自由的含义究竟是什么?

他摆脱了外在的束缚，可以随心所欲地按自己意志行动和思想。如果他知道自己的所欲、所想、所感是什么的话，他是能够按自己的意志自由行动的，但他并不知道，他趋同于匿名权威，拿不是自己的自我当自我。越是这样，他就越觉得无能为力，便越被迫趋同。现代人表面上是乐观进取的，实际上却被一种深深的无能为力感击垮，呆呆地注视着灾难一步步逼近，好像全身瘫痪了。

表面看来，人在社会经济生活中似乎一切正常，但忽视深藏在令人欣慰的表面之下的痛苦和不幸是很危险的。因为假如生命不再是人的生命，因而失去了意义的话，那么人就会绝望。人们不会眼睁睁地看着自己被肉体上的饥饿折磨而死。当然也不会眼睁睁地看着自己被心理上的饥饿折磨而死。如果我们只看到了“常人”的经济需求，如果我们看不到机器化了的普通人潜意识里的痛苦，那么，我们就看不到来自于人的基础方面的对我们文化的威胁，即，欣然接受任何一种意识形态和任何一个领袖，只要他许诺使人兴奋激动，只要他能提供一种自称使人的生命变得有意义、有秩序的政治结构和象征旗号即可。人变成机器人，丧失对自我的信心，这正是法西斯主义政治目的的沃土。

（二）自由与自发

至此，本书只讨论了自由的一个方面，即，现代社会中的个人在摆脱曾一度赋予其生命以意义和安全的所有纽带，获得自由后，陷入的无能力及孤立的不安全状态。我们看到，个人无法忍受这种孤立，与外面的世界相比，作为孤立的个人，他完全无助，所以极为恐惧。同样由于他的孤立，他与世界的一体被打破，也失去了方位感，怀疑自我，怀疑生命的意义，乃至指导他行动的所有原则，这些怀疑折磨着他。无助与怀疑麻痹了生命，为了生存，人竭力逃避自由——消极的自由。他被赶进了新纽带关系的束缚之中。这种束缚与始发纽带的束缚不同，虽然那时他也受权威或社会群体的统治，但他还没有成为一个完全分离的个人。逃避并不能恢复他失掉的安全，而只能帮助他忘掉自我是个分离的个体。他以牺牲个人自我的完整性为代价，找到了新的脆弱的安全感。由于他无法忍受孤独，于是便选择失去自我。因此，自由——摆脱束缚的自由——又给人套上了新的枷锁。

我们的分析是否会得出这样的结论，即，从自由到新的依赖之间是否是必然的循环往复？挣脱所有始发纽带的束缚是否使个人变得非常孤独孤立，必然逃避到新的束缚中？**独立**与自由是否应就是**孤立**与恐惧？是否还有一种积极的自由状态，其中个人作为独立的自我存在，但并不孤立，而是与世界、他人及自然连为一体呢？

我们坚信有这种积极的自由存在，即，自由扩大的过程并非恶性循环，人可以自由但并不孤独，有批判精神但并不疑虑重重，独立但又是人类的有机组成部分。这种自由的获得要靠自我的实现，要靠的人应是他自己。自我实现是什么？唯心主义哲学坚信，仅靠思想的洞察力就可以获得自我实现。他们坚持主张把人格分割开来，以便压抑人性，由理性看护人性。然而，这种割裂的结果不但损害了人的情感生命而且伤害了人的理性品质。理性成了看守，而天性则完全成了囚犯；故此人格的两个方面——理性与情感——都受到了伤害。我们坚信，自我的实现不仅要靠思想活动，而且要靠人全部人格的实现和积极表达其情感与理性潜能来完成。这些潜能人人都有，只有在表达出来时才成为真的。换句话说，**积极自由在于全面完整的人格的自发活动。**

这里我们触及了心理学的最大难题之一——自发性问题。要想全面详细地讨论这个问题恐怕得专门写一本书。然而，在我们迄今为止所说的基础上，通过对比还是可能认识自发活动的基本特性的。自发活动不是强制活动，强制活动把个人赶入了孤独与无能为力的深渊；它也不是机器人的活动，机器人的活动是不加批判地顺应来自外界暗示的模式，从心理学角度讲，自发活动就是自我的自由活动，自发一词的拉丁文词根为sponte，其字面含义为人的自由意志。所谓活动并非指“做某事”，而是一种创造性活动特征，它能够在人的情感、理性、感觉经历及意志中起作用。这种自发性的一个前提就是接受全面总体的人格观念，摒弃割裂理性与人性的做法，因为，只有人不压抑自我的基本组成部分，只有对自我一清二楚，只有生命的不同方面实现了根本的有机统一，自发活动才成为可能。

虽然自发是我们文化中比较罕见的现象，但我们并非完全没有它。我想提醒读者注意一些有关自发性的例子，以便更好地理解这一点。

首先，我们知道有些个人是或曾经是自发的，他们的思想、感觉及行动都是他们自我的真实表达，而不是机器人式的表达。这些个人大多数是艺术家。实际上，艺术家可以定义为自发表达自我的个人。如果这是艺术家的定义——巴尔扎克就是这样定义自己的，那么某些哲学家和科学家也必须被称为艺术家，其他人与他们的区别，恰如老式摄影师与创造性画家的区别。也有一些个人，虽然能力欠缺——可能仅仅因为缺乏训练，无法像艺术家那样借助客观媒介表达自我，但他们也同样有自发性。艺术家的处境是很容易受到伤害的，尽管实际上只有成功艺术家的个性与自发性受到尊重，如果他未能成功地把自己的艺术推销开来，在同时代人眼里，他仍是个狂人，一个“神经病”。在这种情况下，艺术家的处境与历史上的革命者相同。成功的革命者是政治家，不成功的则是罪犯（胜者王侯，败者贼）。

小孩也有自发性。他们有能力感觉和思考真正是**他们自己的东西**。这种自发性表现在他们言谈、思考及随时反映在脸上的感觉中。如果问为什么多数人都喜欢小孩子，我相信，除情感及传统原因外，一定还有这种自发性特质。它深深吸引了自我尚未死亡、尚有能力看到自发性的所有人。事实上，没有比自发性更有魅力、更令人折服的了，无论它在儿童身上、在艺术家身上还是在那些因年龄和职业无法群分的个人身上，都是如此。

我们多数人至少可以在瞬间察觉到我们自身的自发性，这时也正是我们真正幸福的时刻。在这些时刻，无论是看到美丽风景而由衷激动时，苦苦思索后发现某一真理时，体验新鲜的感官欢乐时，还是对某人萌生情不自禁的爱意时，我们都知道自发行为是什么，并可能想象，假如这些经历不那么罕见，不那么被人忽略，那生活该会多么美好。

为什么说自发活动是自由问题的答案？我们说过，消极自由本身把个人变成孤立的存在，他与世界的关系很遥远，也不信任它，个人自我很软弱，并时时受到威胁。自发行为是一种克服恐惧孤独的方法，同时人也用不着牺牲自我的完整性。因为在自我的自发实现过程中，人重新与世界连为一体，与人、自然及自我连为一体。爱是此类自发性的最核心组成部分，爱不是把自我完全消解在另一个人中的那种爱，也不是拥有另一个人的那种爱，而是在保存个人自我的基础上，与他人融为一体的爱。爱的动力特性恰恰在于它的两面性，一方面它出于克服分离状态的需求；另一方面，它又导致一体化，但并未消灭个性。劳动是此类自发性的另一个组成部分，劳动并不是为逃避孤独的强迫活动，不是对自然的这种关系，即，一方面要通过劳动主宰自然，另一方面又崇拜自己用双手创造的劳动果实，甚至受劳动果实的奴役；而是一种创造，人在创造活动中与自然融为一体。适用于爱和劳动的也适用于所有自发活动，无论是实现感官欢乐，还是参与共同体的政治生活。它肯定自我的个性，同时又把自我与人及自然连为一体。人的自发活动在更高的基础上解决了自由与生俱来的根本矛盾——个性的诞生与孤独之痛苦。

个人在所有自发活动中拥抱世界，他的个人自我不但完好无损，而且会越来越强大坚固。**因为自我活跃到什么程度，就会强大到什么程度。**拥有物质财富，或者像情感或思想之类的精神财富，都不能算真正有力量。能使用或操纵某些对象，也不能算真正有力量。我们所用的并不是我们的，而仅仅因为我们在使用它们。只有在我们的创造活动中真正与之相连的，无论是人还是无生命的对象，才真正是我们的。只有源于自发活动的那些特性才能赋予自我以力量，才能成为自我完整性的基础。自卑感与软弱感的根源在于：无力自发活动，无法表达真感觉及思想，其结果必然是用伪自我取代他人和自我。无论我们意识到与否，最大的耻辱莫过于我们不是我们自己，最大的自豪与幸福莫过于思考、感觉和说出属于我们自己的东西。

这意味着真正重要的在于活动，在于过程而非结果。我们的文化强调的恰恰与此相反，生产不是为了满足具体需求，而是为了出售商品这个抽象目的；我们觉得钱可以买到一切物质和非物质的东西，这些东西也一下子变成我们的，我们与它们没关系，也没付出任何创造努力。同样，我们视我们个人的特性及努力的结果为商品，借此可以换来金钱、声誉及权力。所以，重心转移了，由重视创造活动本身给人的具体实在的满足转移到只看重成品的价值上去了。因此，人失去能够给他真幸福的惟一满足——活动过程中的实在体验，转而去追求一种幻觉——被称为成功的虚幻幸福，一旦他相信自己成功在握，便顿觉失望。

如果个人通过自发活动实现自我，并把自己与世界联系起来，他便不再是一个孤立的原子，他与世界便成为一个结构化整体的一部分；他有自己的正确位置，他对自己及生命意义的怀疑也不复存在。这种怀疑源于他的分离状态和生命受阻，只要他自发而不是强制或机械地活着，怀疑就会消失。他意识到自己是个积极有创造力的个人，认识到**生命只有一种意义：生存活动本身。**

如果个人克服对自己及自己在生命中位置的根本怀疑，如果他在自发生存活动中拥抱世界并与之相连，便能得到个人应有的力量和安全。然而，这种安全与前个人化状态的安全不同。同样，这种新的与世界的相连关系也与始发纽带的相连不同。新的安全不是为了保护个人免受自身之外更高权力的威胁，也不是生命的悲剧特性消失于其中的安全。新的安全是动态的，它不以保护为基础，而以人的自发活动为基础。这种安全是人借自发活动得到的，只要自发活动不息，安全便永远存在。这种安全只有自由能给予，根本无需幻觉，因为它已消灭了幻觉的必要条件。

积极自由就是实现自我，它意味着充分肯定个人的独一无二性。人天生平等，但也天生有别。差别的基础在于肉体和精神方面的天赋，这是他们生命开始的依据；此外还与个人的特殊环境及具体经历有关。这个人格的个人基础与其他任何人都不同，正像没有两个完全相同的有机体一样。自我的真正成长总是以这种特性为基础的成长，它是一种有机的成长，发展的核心应专对这个个人，并且只对这个个人。相反，机械发展就不是有机发展，自我发展的基础受阻，伪自我被强加于自我之上，正如我们所见，这实际上就是接受外在的思维和感觉模式。只有首先尊重他人自我及我们自己自我的个性，有机成长才可能。尊重并培养自我的独一无二性，正是人类文化最有价值的成就，可现在，恰恰是这个成就正面临着危险。

自我的独一无二性与平等原则绝不冲突。人天生平等的意思是，人都拥有同样的人类基本特征，享有同样的人类基本命运，同样有不可剥夺的自由及幸福权利。不仅如此，它指人与人之间的关系是休戚相关的，不是统治服从关系。平等概念并不指所有的人都相同。所有的人都相同这种平等概念起源于当今个人在经济活动中扮演的角色。在买卖双方的关系中，具体的人格差异消失了，此时只有一件事重要，那就是有人有东西要卖，而有人有钱买他的东西。在经济生活中，人与人之间是没什么差别的；但作为真实的人，差别是存在的，个性的本质也正是在于培养自我的独一无二性。

积极的自由还意味着下列原则：除这个独一无二的个人自我外不应再有更高的权力，生命的中心和目的是人，个性的成长与实现是最终目的，它永远不能从属于其他任何被假定的更具尊严的目的。如此解释可能会招来激烈反对。这岂不是鼓吹毫无约束的自我主义吗？岂不是否定为理想而牺牲的观念吗？接受这些解释，会不会导致无政府主义？实际上，在前面的讨论中，我们已间接或直接地回答了这些问题。然而，这些问题实在太重要了，为避免误解我们不得不再次予以澄清。

说人除自己外不应屈服于任何权力并未否定理想的尊严，相反，却是对理想的最有力肯定。然而，我们不得不对理想做批判分析，弄清它究竟是什么。现在，人们一般很容易认为理想就是所有不以获取物质财富为目标的观念，是一种人准备为之牺牲自己一切的观念。实际上这是一种纯心理学的相对主义理想概念。根据这种主观主义观点，法西斯主义者受臣服于更大的权力欲望的驱使，同时又想拥有统治人民的权力，他的理想与为人类的平等自由而奋斗的人的理想应完全一样。在这个基础上，理想问题永远得不到解决。

我们必须识别真理想与假理想，以及真理与谬误，这是根本。所有的真理想都有一个共同特征：它们表达的都是对某种尚未实现的东西的渴望，而这种渴望是合乎个人成长和幸福之目的的。① 我们可能不清楚人为什么总要渴求这些东西，也可能从人的发展角度，对这个或那个理想的功能究竟如何有不同意见，但相对主义的理想概念是毫无道理的，这一理论认为人无法知道促进或阻碍生命发展的是什么。我们不是总敢肯定哪种食品有益于健康，哪种食品有害于健康，但我们并不能得出结论说我们根本无法识别毒物。同样，如果想知道，我们就能知道什么是有害于精神生活的。我们知道，贫穷、威胁、孤立是**不利于**生活的；知道所有有益于自由，给个人增添勇气和力量的东西都是**有利于**生活的。什么对人有益，什么对人有害，这并不是个形而上学的问题，而是个经验问题，在分析人的本性及具体环境对人的影响的基础上，便可回答这个问题。

但是，像法西斯主义者那样明显有害于生命的“理想”又该如何呢？我们又该如何理解为什么人像有些人追求真理想那样狂热地追求假理想呢？可以从心理学角度来回答这个问题。受虐现象向我们表明，人能够被

---

① 参见 M. 奥托《人类的事业》，1940 年版，第 4 章、第 5 章。

弄得甘受折磨或臣服于他人。毫无疑问，受苦受难、臣服或自杀就是生命积极目标的反面，但有人却觉得这些目的很诱人，主观上甘愿体验一下，并对此感激不尽。这种喜欢追求对生命有害之事的现象就是病理学上的倒错。许多心理学家认为引导人行为的惟一合法原则是体验快乐、避免痛苦。但是，动力心理学则能表明，就人的幸福而言，主观的快乐体验并不是衡量某些行为价值的恰当标准。对受虐现象的分析就是一个例子。此类分析表明，感官的快乐可能是病理倒错的结果，根本不能证明体验的客观含义，正如加了蜜糖的毒药，尝起来虽然是甜的，但这并不能证明它有益于机体健康。①

因此，我们把真理想定义为所有促进自我的成长、自由及幸福的目标，把假理想定义为主观上吸引人（如臣服渴望）、但实际上对生命有害的强制性非理性目标。一旦我们接受了这个定义，就可以看出，真理想绝非某种高居于个人之上的神秘力量，而是充分肯定自我的一种有力表现。任何与此种自我肯定相悖的理想，都被证明并不是理想，而只是一种病态的目标。

由此我们又面临另一个问题——牺牲。我们把自由定义为不臣服于任何**更高的**权力，是不是把牺牲，包括牺牲个人的生命排除在外了呢？

今天，法西斯主义鼓吹自我牺牲是最高的德行，向人们灌输他们自我牺牲的理想，所以牺牲问题显得尤为重要。这个问题的答案是与我们上

---

① 我至少想提一点这里所讨论问题的重要意义；动力心理学可以廓清伦理问题。如果心理学家能看到道德问题与认识人格的关系，那他们会大获益处的。所有心理学，包括弗洛伊德的，都从快乐原则角度看待这些问题，没能认识到人格的一个重要部分，把这块阵地留给了教条化的非经验道德理论。本书对自爱、受虐性牺牲及理想的分析，为心理学和伦理学的这块阵地提供了实例，以确保它的进一步发展。

面所说的逻辑思路是相同的。有两种迥然不同的牺牲。一种是生命的悲剧面，它对肉体自我的要求与精神自我的目标发生冲突，实际上，为了伸张精神自我的完整，我们有可能会牺牲肉体自我。这种牺牲永远带有悲剧特性。死亡永远不是件令人高兴的事，哪怕为最高理想而死亡。不用说，死亡是痛苦的，但它却是对自我个性的至高肯定。这样的牺牲与法西斯主义鼓吹的“牺牲”是绝然不同的。在法西斯主义那里，牺牲并非对人为伸张自我付出的最高代价，而仅仅是一个目的本身。这种受虐牺牲把否定生命、消灭自我视为生命的实现。它只是法西斯主义众多目标中的最高表现形式——消灭个人自我，使之完全臣服于一个更高的权力。它是真牺牲的倒错，如同自杀是十足的生命倒错。真正的牺牲是以毫不妥协地保持精神完整之愿望为前提的。丧失了精神完整的人的牺牲只不过是掩盖其精神破产而已。

我们要回答的最后一个反对观点是：如果允许个人在自发意义上自由行动，如果除自己外不承认任何更高的权威，是不是会不可避免地导致无政府状态？要是无政府指的是不顾一切的自我中心主义和破坏欲的话，那么问题的关键就在于如何理解人性。我只能重复在“逃避机制”一章中所讲的内容：人无所谓好坏，生命与生俱来的倾向是要成长，发展，表达潜力，如果生命受阻，如果个人被孤立了，并被怀疑或孤独及无能为力感所淹没，那么他就会不由自主地产生破坏欲，并渴求权力或渴望臣服。如果人的自由是**一种自由自在发展的自由**，如果人能充分而又不妥协地实现自我，他的非社会性冲动的根本原因就会消灭，只有病人和变态的个人才是危险的。这种自由在人类历史上还从未实现过，但它一直是人追求的理想，即使这种追求常常以令人费解的非理性形式表现出来。人类历史充满着残酷与破坏性，这是不足为奇的。应该感到惊奇并受到鼓舞的是，尽管人类历经种种不幸，却仍然保持并在实际上发展了诸如尊严、勇气、高贵和仁慈之类的品质。这种现象贯穿历史发展的始终，并在今天数不清的人身上体现出来。

如果认为无政府就是个人不承认任何一种权威，那么我们就必须从前边所说的理性与非理性权威的区别里去找答案。理性权威——像真理想，代表的是个人成长和发展的目的。所以，原则上，它永远不会同个人及个人真正的、而不是病态的目标发生冲突。

本书的论点就是，对现代人来说，自由有两方面的含义：他冲破了传统权威的束缚而获得了自由，并成为一个“个人”，但他同时又变得孤立、无能为力，成为自己之外的目的的工具，与自我及他人疏离；不仅如此，这种状态伤害他的自我，削弱并吓坏了他，使他欣然臣服于新型的奴役。相反，积极自由则意味着充分实现个人的潜能，意味着个人有能力积极自发地生活。自由已处在一个重大的转折点上，它受本身动力逻辑的驱使，有走向其反面的危险。民主的未来在于个人主义的实现，这是自文艺复兴以来现代思想的意识形态方面的目标。现在的文化及政治危机并非因为个人主义泛滥，而是因为我们所坚信的个人主义已成了一个空壳。只有在高度发展的民主社会里，自由才有可能胜利。在这个社会里，文化的目标和目的就是个人以及个人的成长和幸福，生命再不需要成功或其他东西来证明，个人不臣服于、也不被操纵于任何自身之外的权力，无论是国家还是经济机器。最后，个人的良心与理想并非外在要求的内在化，而真是**他的**，所表达的目的也源自其自我的独一无二性。现代历史以往的任何一个阶段都没能够充分实现这些目的，它们中的大部分还只是意识形态的目的，因为还缺乏发展真正个人主义的物质基础。资本主义创造了这个前提。至少在原则上生产问题已经解决，我们可以想象未来物质会极大丰富，其中因经济不足争取经济特权的斗争已没有必要。目前我们面临的问题是社会及经济力量的组织问题，以便作为有组织的社会的一员，能够成为这些力量的主人，而不再做它们的奴隶。

我强调了自由的心理方面，但我也尽量表明，心理问题是与人类生存的物质基础、社会经济、社会及政治结构密不可分的。遵照这个前提，积极自由及个人主义的实现与经济社会的变化是密切相连的，经济社会的变化允许个人在实现自我上获得自由。本书的目的并非要讨论前提里所包含的经济问题，亦非为未来规划一幅经济蓝图。但我不想让读者有任何疑问，而是要让他们清楚知道，我坚信解决问题的对策所在。

首先，必须这么说：我们不能丧失现代民主所取得的任何基础成就。无论是最基本的代议制政府，即，民选且对人民负责的政府，还是《权利法案》赋予每位公民的所有权利，都不能失去。我们也不应该伤害下述这些新的民主原则：任何人不得挨饿，社会必须对所有成员负责，任何人不得因害怕失业和饥饿而臣服于他人或失去尊严。这些基础成就不但要予以保存，而且要予以发扬光大。

虽然这种层面上的民主远未完全实现，但也可以说基本上实现了，不过，这是远远不够的。民主的进步在于增大个人真正的自由、创造性和自发性，它不仅表现在某些私人及精神方面的事务上，而且首先表现在人赖以存在的基本活动——劳动——上。

实现这个目标的一般条件有哪些？必须用计划经济取代社会的不合理性及无计划性，计划经济代表着社会自身有计划的具体努力。社会必须像主宰自然那样理性地主宰社会问题。实现这个目的一个前提是废除少数人的秘密统治，这些人虽为数不多，但却握有强大的经济权力，他们的决策决定着大多数人的命运，可他们根本不对这些人负责。我们可以把这个新阶层名之为民主社会主义，但这个名字并不重要；重要的是，我们建立一个为民众利益服务的合理经济制度。目前，绝大多数人民不但无法控制整个经济机器，而且在他们所从事的特定工作中，根本没有机会发展真正的创造性和自发性。他们是“雇员”，老板希望他们按吩咐行事，仅此而已。只有在计划经济中，整个国家已理性地主宰了经济及社会力量，个人在工作中才能分担责任，才能发挥创造才能。重要的是，要恢复个人真正活动的机会；要使社会的目的与个人的目的相一致，不是意识形态上的一致，而是实际上的一致；要使他在所从事的工作中积极努力，主动发挥才能，使他感觉到自己的责任，因为这是他的人生意义和目的。我们必须用积极理智的合作取代对人的操纵，并要把民有、民治、民享的政府原则从传统的政治领域扩大到经济领域。

要问某种经济和政治制度是否能促进人类的自由，这不能仅仅从政治和经济方面来回答。判断自由实现的惟一标准是看个人是否积极参与决定自己及社会的生活，这不仅包括形式上的投票行为，而且包括个人的日常活动、工作以及与他人的关系。现代民主政治如果自我局限在纯政治领域内，就不足以抵消普通人由于经济上没有地位所带来的后果。但是，像生产方式社会化之类的纯经济概念也不足以解决问题。我这里认为，出于策略需要打着社会主义字眼招摇撞骗的国家社会主义并算不了什么。我真正担心的是俄国，虽然那里也发生了生产方式的社会化，但实际上一个强大的官僚机器却操纵了广大群众，这必然妨碍自由及个人主义的发展，即便政府的控制对维护绝大多数人的经济利益是有效的。

世界从来没有像今天这样，为隐瞒真相竟不惜亵渎文辞。出卖同盟叫绥靖，军事侵略竟堂而皇之地成了防卫侵略，打着友谊的幌子征服小国家，挂着国家社会主义的招牌野蛮压迫全体人民。民主、自由和个人主义这些字眼也难逃厄运。有一种方法，可以界定民主政体与法西斯主义之间区别的真正含义，民主政体是一种为个人的充分发展创造经济、政治及文化条件的制度。法西斯主义，无论打什么旗号，都是一种使个人臣服于外在目的，削弱真正个性发展的制度。

很显然，确立民主政体实现条件的最大困难就在于计划经济与个人积极合作之间的矛盾。任何大工业体系范围的计划经济都要求高度的集中，并随之需要一个官僚机构来管理这个集中化了的机器，相反，为了使每个个人及整个体系中每个最小单位都能积极地控制与合作，又必须高度分权。除非下面的人积极参与，密切配合上面的人制订计划，除非社会生命之流不停地自下达上，否则计划经济必将成为操纵人民的新形式。如何解决集中与分权的矛盾，这是社会的重大任务之一。但这个问题肯定是可以解决的，正如我们早已解决了技术问题，并几乎使我们完全主宰了自然。然而，只有当我们清楚认识到必须这么做，只有我们信任人民，坚信作为人，他们有能力照顾自己的真正利益时，这个矛盾才能解决。

在某种程度上，我们面临的还是个人的创造性问题。个人创造性是经济制度及自由资本主义下个人发展的伟大动力之一。但有两个限定：它只能有选择性地发展人的特性、意志及理性，人在其他方面则必须服从经济目标。只有在高度个人化和资本主义激烈竞争阶段，不计其数的独立经济单位有广泛的用武之地时，这条原则才能最大限度发挥效果。今天，他们的用武之地越来越小，只有少数人能发挥个人创造性。而今，如果我们想认识并发扬这个原则，以便整个人格都得到自由，只有在社会整体的理性及具体努力的基础之上，并且通过一定的分权来确保切实、真正、积极的合作，确保其由最小的单位控制，这个目标才可能实现。

只有人主宰了社会并使经济机器从属于人类幸福的目的，只有人积极地参与社会进程，才能克服目前正把他逼入绝境的孤独及无能为力感。今天，人成为大机器的一个齿轮，成为一个机器人，生命变得空虚无聊，失去了意义，这个事实给人造成的痛苦远远大于贫穷造成的痛苦。面对权威主义制度，民主政体不但不应退缩，而且应主动出击，并继续实现几世纪以来为自由而斗争的那些人心目中的目标。惟其如此，才能战胜形形色色的权威主义制度。民主政体必须向人们灌输最强烈的、人的思想能够有的信念，即，对生命、真理及积极自发实现个人自我的自由的信念。惟其如此，才能战胜虚无主义势力。

附　录　性格与社会进程

我们在本书中，通过分析宗教改革和当代的历史事件，探讨了社会经济、心理及意识形态诸因素之间的相互关系。在这篇附录中，我将尽量向那些对本分析涉及的有关理论问题感兴趣的读者，简单介绍具体分析赖以建立的一般理论基础。

我们在研究一个社会群体的心理反应时，探讨的是该群体成员的性格结构，也就是个人的性格结构。然而，我们的兴趣不在这些成员性格结构的差异性，而在该群体绝大多数成员所共有的那部分性格结构。我们可以把这部分性格称为**社会性格**。社会性格必然没有个人性格那么有特殊性。在讨论个人性格时，我们探讨的是个人的整个特质，这些特质以各自特殊的形态构成这个或那个个人的人格结构。社会性格只包括一部分经过选择的特质，即，**在一个群体共同的基本经历和生活方式作用的结果下，发展起来的该群体大多数成员性格结构的基本核心**。虽然它总会与一个完全不同的性格结构有些“出入”，但该群体大多数成员的性格结构都是这个核心的变种，产生变化的原因在于每个个人的出身及生活经验之类的偶然因素。如果我们想全面了解一个个人，那这些差异因素就是至关重要的。然而，如果我们想了解在一个既定的社会秩序中，作为一种生产力的人的精力是通过什么渠道又是如何起作用的，那社会性格就应当是我们的主要兴趣之所在。

社会性格是理解社会进程的关键概念之一。从分析心理学的动态意义上讲，性格是一种特殊形式，其中人对某一既定社会的特定生存方式的动态适应需求把人的精力塑造成了那种特殊形式。性格反过来又决定着个人的思想、感觉和行动。就我们的思想而言，弄清楚这一点有点困难，因为我们都赞同思想是纯智力的活动，与人格的心理结构无关的传统观点。然而，事实却非如此。我们的思想越是涉及伦理、哲学、政治、心理或社会问题，而不是对具体对象的经验操作，事实就越非如此。除思想过程的纯逻辑因素外，此类思想在很大程度上都决定于思想者的人格结构。不但成套的学说或理论体系如此，就连像爱、正义、平等、牺牲之类的单个概念也是如此。每个这样的概念和每个学说都有一个情感的源泉，这个源泉则植根于个人的性格结构中。

我们在前面的章节中已举了许多这方面的例子。关于理论学说，我们试着阐明早期新教和现代权威主义的情感根源。关于单个的概念，我们已表明，例如，对施虐-受虐性格者而言，爱意味着共生依赖，而不是在平等基础之上的相互肯定和结合；牺牲意味着个人自我完全臣服于某种较高大的东西，而不是伸张精神与道德上的自我；差别意味着权力的差别，而不是在平等基础上实现个性的差别；正义意味着每个人应得到他应得的东西，而不是个人无条件地实现不可剥夺的天赋权利；勇气意味着欣然臣服，欣然忍受痛苦磨难，而不是面对权力敢于完全伸张个性。虽然两个性格各异的人在用同一个词时，比如说“爱”，但根据他们不同的性格结构，这个词的含义却是完全不同的。事实上，对这些概念的含义进行正确的心理分析，可以避免许多思想混乱，因为任何用纯逻辑分类的企图都必然失败。

思想都有情感源泉，这是一个至关重要的事实，因为它是理解一种文化之精神的关键。不同的社会或同一社会中的不同阶级都有特殊的社会性格，不同的思想观念正是在此基础上发展并强大起来的。因此，例如，由于现代人的孤独与怀疑，在此基础上，把劳动和成功作为主要目的的观念就对现代人有十分强大的吸引力；如果对普韦布洛印第安人或墨西哥农民宣传不停努力和力争成功的思想，肯定会没任何效果。这些人具有另外一种不同的性格结构，他们即便听懂了宣传者的语言，也根本不会明白他鼓吹这些目的的用意何在，同样，希特勒与具有相同性格结构的那部分德国人都非常真诚地觉得，任何认为战争可以废除的人，不是十足的大傻瓜，就是人人皆知的说谎者。在他们的社会性格基础之上，对他们来说，生命没有痛苦和灾难，就如同没有自由和平等一样令人难以理解。

某些群体，由于他们社会性格的特殊性，会有意识地接受某些思想，但又不会真的受这些思想影响。这些思想仍是他们有意识信念的一部分，但关键时刻，人却没能根据这些信念行动。纳粹主义胜利时期的德国劳工运动就是一例。希特勒上台前，绝大多数德国工人投社会主义或共产党的票，并坚信这些党派的思想；也就是说，这些思想的传播**范围**在工人阶级中是极其广泛的。然而，这些思想的**分量**却与其范围不成比例。纳粹主义的猖狂进攻在政治上却未遇到反对者，而这些反对者中的大多数人都曾准备为他们的信念而战。左翼党的许多忠实信徒虽然只要其党的权威还在就会坚信他们的党章，但在危机到来的关键时刻却准备退缩。只要深入分析德国工人的性格结构，就会为这种现象找到一个原因，而且肯定不是惟一的原因。许多工人的人格类型具有我们所说的权威主义性格的多种特质。他们从内心里尊敬并渴望既定的权威。社会主义强调个人独立，反对权威，强调集体一致，反对个人式的离群索居，根据工人的人格结构，这并非许多工人真正想得到的东西。激进领袖犯了一个错误，他们仅仅以这些思想流传的范围为基础估计其党的力量，而忽视了这些思想缺少分量。

与此相对的是，我们在分析新教和加尔文的理论时却发现，由于这些思想在传播过程中迎合了某些人性格结构中的需求与焦虑，它们遂成为新宗教忠实信徒内心的强大力量。换句话说，**思想能成为强大的力量，但只有在它们答复了某一既定社会性格中最突出的某些特殊需求时，才能变为现实。**

人的性格结构不但决定了人的思想和感觉，而且还决定了其行为。尽管弗洛伊德的理论框架是错误的，但他是这方面的功臣。在神经症病例中，可以明显看到，人的性格结构的主导倾向决定了他的活动。很容易理解，强迫数房子的窗子和路面上的石块，是一种受强迫性格的某些冲动驱使的行为。但是，正常人的行为似乎只决定于理性思考和现实必要性。然而，根据心理分析提供的新观察工具，我们可以弄明白所谓的理性行为在很大程度上是决定于性格结构的。我们在讨论劳动对现代人的含义时，已举过一个有关的例子。我们看到，不停努力劳作的强烈欲望是由于孤独与焦虑。这种强迫自己劳作的态度与其他文化的不同，在那些文化中，劳动只是生存的必要手段，此外并不受性格结构中其他力量的驱动。由于今天所有的正常人都有同样的劳动冲动，更由于如果想生存就必须努力劳作，所以人们很容易忽视这个特质的非理性组成部分。

现在我们必须问的是，性格对个人和社会究竟有何功能。就前者而言，这是很容易回答的。如果一个个人的性格或多或少与社会性格紧密趋同，其人格的主导冲动就会引导他去做在他生存的文化的特定社会条件下，必须做而且能够做的事。比如，如果他有强烈的积蓄冲动，并憎恨一切乱花钱的奢侈浪费，假如他是一个小店主，想生存下来，就需要积蓄节俭，这种冲动就会对他有很大的帮助。除这种经济功能外，性格特质还有一种同样重要的心理功能。有积蓄欲的人是其人格使然，如果他能按照自己的欲望积蓄，他还能在心理上得到极大的满足；也就是说，积蓄不但使他在实际上受益，而且使他得到心理上的满足。只要稍作观察，就可以使自己相信这一点。比如，一位下层中产阶级妇女在市场购物时如果能省两分钱，她就像另一种性格的人享受某种感官快乐一样高兴。这种心理满足并不仅仅发生在他根据其性格结构的需求行动之时，而且还发生在当读到或听到符合其性格结构需求的思想时。对权威主义性格来说，鼓吹大自然是一种我们不得不臣服的强大力量的意识形态，或沉溺于把政治事件作施虐狂式的描述和演说，都能强烈地吸引他们，读到或听说这些东西就能给他们带来心理上的满足。总而言之：对一个正常人来说，性格的主观功能在于**引导他去做对他来说从某种实际的立场出发必须要做的事，同时还使他在活动中获得心理上的满足**。

我们已就社会性格对个人的功能做过陈述，如果我们从社会性格在社会进程中的功能角度看待社会性格，就必须从这个陈述开始，即，人通过自我适应社会环境，发展起那些使他**不得不**做之事变成他自己的渴望的性格特质。在一个既定的社会中，如果大多数人的性格，即，社会性格，转化为个人在社会中必须履行的客观职责，人的精力就会变为生产力，成为社会运转不可或缺的力量。我们还是以劳动为例。我们的现代工业制度要求我们把大部分精力用在劳动上。假如人们仅仅出于外在必需而劳动的话，那在他们该做的与想做的之间就会发生冲突，劳动的效率也会降低。然而，通过性格对社会要求的动态适应，人的精力非但没有引发矛盾冲突，反而成了一种促使人按照特定经济必要性去行动的原动力。所以，现代人不是被迫着去拼命劳动，而是受内在强迫的驱动去劳动。或者说，现代人不是服从外在的权威，而是建立了内在的权威——良心与责任义务，这种内在权威比以往任何外在权威都能更有效地控制他。换句话说，**社会性格把外在必然性内在化了，从而驱使人把精力用在某一既定的经济和社会制度的任务上。**

如我们所见，一旦某些需求在性格结构中发展起来，所有与这些需求一致的行为既能使人获得心理上的满足，又能使人在物质成功上获得实际利益。只要一个社会能同时满足个人的这两种需求，那就会是这样一种局面：心理力量就会**整合**社会结构。然而，早晚会出现裂隙。新的经济条件产生了，传统的性格特质已不再适用，可传统的性格结构却依然存在。人们倾向于按性格结构行事，但这些行动，或者成了他们的经济追求的真正障碍，或者使他们没有足够机会找到允许他们据“天性”行事的位置。旧中产阶级的性格结构就是一例，尤其在像德国那样阶级等级划分较严格的国家。旧中产阶级的美德——勤俭、节约、谨慎、多疑，在现代商业中不断贬值，与此相比，新的美德——积极进取精神、敢于冒险和侵略精神等却不断升值。即使这些旧的美德仍是小店主的一种资本，但其应用范围的可能性却大大地缩小了，以至于只有极少数旧中产阶级的子孙能够在经济追求中成功地“运用”他们的性格特质。虽然他们在成长过程中已形成了适应其阶级社会形势的性格特质，但经济发展要比性格发展快得多。经济发展的趋前与心理发展的滞后致使通常的经济活动已无法再满足人的心理需求。然而，这些需求仍然存在，并寻求其他满足方式。下层中产阶级典型的为自己利益而奋斗的狭隘自我中心主义便由个人的层面转移到整个国家层面上来。还有，私人竞争中所用的施虐冲动，部分地转移到社会和政治舞台，部分地由于挫折而更加激化了。由于没有任何限制因素，它们便在迫害和战争行为中寻求满足。由于其中混杂着因整个形势受挫导致的憎恨情绪，所以，心理力量非但整合不了现存的社会秩序，反而成了某些群体用来摧毁民主社会传统政治及经济结构的炸药。

我们还未谈到教育过程在社会性格形成中的作用。但是，许多心理学家认为，童年早期的训练方法和儿童成长过程中的教育技术是性格发展的**原因**。鉴于此，似乎有必对这种观点加以评论。首先，我们必须自问，我们所谓的教育指的是什么？虽然教育可以有多种定义方式，但从社会进程的角度来定义似乎应是这样的：教育的社会功能在于使个人具备将来在社会中所扮演的角色之功能，即，把个人的性格塑造得与社会性格相近，使个人的欲望与其社会角色的必然欲求相一致。所有社会的教育制度都决定于这种功能。因此，我们不能用教育过程来**解释**社会结构或社会成员的人格，但我们不得不用某一既定社会的社会及经济结构引发的必然性来解释教育制度。然而，教育方法是按照预期要求塑造个人的机制，就此而言，教育方法又是至关重要的。可以把教育方法看作把社会要求转化为个人特质的手段。虽然教育技术并非某种特殊社会性格形成的原因，但却是性格赖以形成的机制之一。从这个意义上看，认识和理解教育方法是全面分析功能社会的一个重要部分。

我们刚才所说的同样也适用于整个教育过程的一个特殊部分——**家庭**。弗洛伊德已指出，儿童的早期经历对其性格结构的形成具有决定性影响。果真如此，那我们又该如何理解，至少在我们的文化中，儿童与社会生活的联系甚微，却又受其塑造呢？答案是，除少数情况外，不但父母采用了他们所在社会的教育模式，而且他们自己的人格也代表了其社会或阶级的社会性格。他们是社会精神的代表，并通过这种身份把所谓的心理气氛或社会精神传给儿童。**因此，可以把家庭视为社会的心理代理。**

我已说过，某一既定社会的生存模式塑造了社会性格，我还想提请读者注意我在第一章里讲过的动态适应问题。社会的经济及社会结构的必然性塑造人，这当然是毋庸置疑的，但人并非能无限度地适应。人不但有某些心理需求急需满足，而且也有某些与生俱来的心理特性需要满足，如果满足受挫，就会引起某些反应。这些特性是什么？其中最重要的似乎就是人的成长、发展及实现潜力的趋势，这些潜力是人在历史进程中发展起来的，诸如创造及批判思维能力，以及区分情感及感觉经历差别的能力。这些潜力中的每一种都有自己的动力，一旦在进化过程中发展起来，就有要得到表达展示的倾向。这种倾向可以被压抑，也可以受挫，但压抑会产生新的反应，尤其会形成破坏及共生冲动。这种想要成长的普遍倾向是一种同生物成长倾向相一致的心理对应物，它似乎又产生了渴望自由、憎恨压迫之类的特殊倾向，因为自由是所有成长的基本前提。同样，渴望自由也可以受到压抑，也可以从个人的意识中消失；但即便如此，渴望自由作为人的一种潜力，仍将存在，并通过由压抑带来的有意无意的仇恨情绪，显示它的存在。

如前所说，我们还有理由假设，追求正义与真理的冲动是人性的固有倾向之一，尽管它可以像自由冲动那样被压抑和扭曲。这个假设的理论基础是危险的。如果我们能退回到宗教及哲学假设上去，用人是按照上帝形象创造出来之信念或自然规律来解释这些倾向的话，事情就会容易得多。然而，这些解释是站不住脚的。我们认为，能解释这种追求正义和真理冲动的惟一途径就是从社会和个人两方面来分析人类的整个历史。于是我们发现，正义与真理是所有争取自由和成长的无权者的最重要的武器。在人类历史上，绝大多数人为免受强权群体的压迫与剥削，都要与它们做斗争，此外，每个个人在童年时都有一段典型的无能为力时期。我们认为，正义与真理之类的特质似乎正是在这种无能为力状态中发展并变成人的普遍潜力的。因此，我们得出如下结论：**虽然生命的基本条件塑造了人的性**

格发展，虽然没有固定的生物学上的人性，但人性仍有它自己的原动力，这种原动力是社会进程演化中的一个积极因素。即便我们还无法用心理学术语清楚阐明这种人的原动力的确切性质如何，但却必须承认它的存在。我们既要避免生物和形而上学概念方面的错误，又必须同样警惕社会学上相对主义的重大错误，后者把人视为社会环境所操纵的木偶。人不可剥夺的自由及幸福权利在于人固有的特性中，即，生存冲动，发展并实现人在历史演化过程发展起来的潜力的冲动。

在此，我们再次申明，本书的心理分析方式与弗洛伊德的有重大区别。我们在第一章里已详细论述了第一点区别，因此这里只需简单提一下即可。虽然我们并未低估生物因素在人性中的作用，并相信**排除了**生物因素，仅从文化上是不能正确提出问题的，但我们仍然认为人性在本质上是受历史状况决定的。其次，弗洛伊德的基本原则是把人看作一个整体、一个封闭的系统，天生具有某些生理上的冲动，并把性格的发展解释为对这些冲动被满足或受挫的一种反应。我们却认为，认识人的人格的基本途径在于理解人与世界、他人、自然及自我的关系。我们相信，人**主要**是社会存在物，而不是弗洛伊德所说的主要是自给自足的存在物，只是为了满足自己的本能需求才需要他人，需要他人是次要的。据此，我们相信，个人心理学基本就是社会心理学，用沙利文的话说就是关于人与人相互关系的心理学。心理学的关键问题就是个人与世界的那种特殊关联方式，而不是单纯本能欲望的满足与挫折。应当把人的本能欲望问题作为人与世界关系问题的一部分，而不就是人格问题来理解。所以，我们认为处于个人与他人关系中心的需求与欲望，如爱、恨、温柔、共生，是基本的心理现象，而弗洛伊德则认为它们只是本能需求受挫或满足时产生的次要结果。

在性格学上，弗洛伊德的生物学倾向与我们的社会学倾向之间的区别，也具有特殊的意义。弗洛伊德，还有亚伯拉罕、琼斯及其他人以他的发现为基础，都认为儿童所谓的性感带（嘴和肛门）快感体验是与进食与排泄过程密切相连的。由于过度刺激、受挫或固有的强烈敏感性作用，按正常人的发展，在后来的年代里，生殖器应变得头等重要，但这些性感带却仍旧保持了淫荡特性；他们还认为，这种前生殖层次上的固着又升华并形成一定的反应结构，这些结构又成为性格结构的一部分。比如，某人有攒钱或攒其他东西的冲动，这是因为他把保留大便的潜意识欲望升华了。再比如，有人想不劳而获，希望从别人那里得到一切，这是因为他受希望被喂养这种潜意识欲望的驱使，并把它升华为希望得到帮助、知识等。

弗洛伊德的观察意义很重大，但他的解释却是错误的。他正确地看到了这些“口腔”和“肛门”性格特质的强烈非理性特征。他还看到，这些欲望弥漫于人格的方方面面、人的性、情感及思想生活中，并给人的所有活动增添了色彩。但是他把性感带及性格特质的因果关系搞颠倒了，事实恰恰相反。儿童想被动地通过自身之外的某种途径得到一切想得到的东西——爱、保护、知识、物质财富，这种欲望是作为儿童与他人交往经历的一种反应，是在他的性格中发展起来的。通过这些经历，如果恐惧削弱了他的自我力量感，如果他的进取精神和自信心完全瘫痪了，如果敌视情绪产生并受到抑制，如果与此同时，父亲或母亲只有在他唯命是从的前提下才关心爱护他，那么，这一系列心理就会使他产生放弃积极支配的态度，而把全部精力转向一种外在的途径，通过这种途径最终实现所有愿望。这种态度具有强烈的激情特征，因为这是这种人可望实现自己愿望的惟一途径。这些人常梦见或幻想自己被喂食或喂奶，这是因为嘴比其他任何器官都体现这种接受态度。但口腔感觉并非这种态度的原因，而只是在用一种身体语言表达对外部世界的某种态度。

这一道理同样运用于“肛门”型性格特征的人。由于他们的特殊经历，他比“口腔”型性格特征的人更离群索居，便试图把自己变为一个自给自足的封闭系统，以此获得安全，并觉得爱和其他任何来自外部的态度都是对自己安全的威胁。确实，许多情况下，这些态度首先是在喂食和排泄过程发展起来的，这是儿童早期的主要活动，也是父母表达爱与压制及儿童表达友善与轻蔑的主要方面。然而，儿童自己对性感带的过度刺激与挫折并不会在人的性格中产生这类态度的固着。虽然儿童在喂食和排泄过程中能体验到某种快感，但这些快感对性格发展并不重要，除非它们是在通过身体的层面，表达那些植根于整个性格结构的态度。

对一个确信母亲无条件爱自己的婴儿来说，突然中断母乳喂养在性格方面并不会有多大的严重后果。缺乏母爱的婴儿，即便喂奶过程没有受到特殊的干扰，仍可能形成“口腔”型性格特质。“口腔”或“肛门”的幻想或肉体的感觉，由于它们意味着肉体的快乐，或因为这种快乐已被神秘地升华了，所以在后来的岁月中并不重要；但只因它们与世界有某种特殊的关系，才显得很重要，世界是它们产生的基础，它们表达的也正是这个世界。

只有从这个角度来说，弗洛伊德在性格学上的发现才对社会心理学有重要意义。比如，只要我们认为肛门型性格特质是由早年与排泄有关的某些经历引发的，我们就根本没有证据来解释为什么某一特定阶级会有肛门社会性格。肛门型性格正是欧洲下层中产阶级的典型特征。但是，如果我们认识到它是一种与他人关系的形式，是根植于性格结构中的，源于对外部世界的经历，我们就抓住了问题的关键，就能理解为什么下层中产阶级的整个生活方式、他们的狭隘、孤立及敌视造成了这类性格结构的发展。①

第三点重要区别是与前两点密切相关的。弗洛伊德根据他的本能倾向及性恶论这一根深蒂固的成见，把人所有的高尚动机解释为某种卑鄙想法的结果，其中一个例子就是，他把正义感解释为儿童对比他拥有的多的人原始的嫉妒的结果。正如我们前面指出的，我们相信真理、正义及自由之类的理想，虽然常常仅仅是些空话或合理的借口，但也可能是真的驱动力，任何不把这些驱动力作为动力因素的分析都是错误的。这些理想并无形而上学的特征，而是植根于人的生活环境之中，并能据此对它们进行分析。害怕退回到形而上学或唯心主义的概念，不应成为这类分析的拦路虎。作为一门经验科学，心理学的任务就是研究受理想驱使的动机及与之相关的道德问题，从而使我们拨开传统的非经验及形而上学方法的迷雾，得以自由地思考这些问题。

最后，还有一点区别必须要说明。它涉及的是匮乏心理现象与充裕心理现象之间的区别问题。人的初始存在处于一种匮乏状态，有些迫切的需求是**必须**优先予以满足的。只有基本需求得到满足，人有剩余的时间和精力时，文化才能发展，随文化的发展，那些与充裕现象相伴随的冲动也发展起来。自由（或自发）行为总是充裕现象。弗洛伊德的心理学是一种匮乏心理学。他把快乐定义为随痛苦的消除而出现的满足。像爱与温柔之类的充裕现象，在他的体系中实际根本没有任何地位。他不但略去了这种现象，而且他对自己倍加关注的性现象的认识也是有限的。根据他对快乐

① F. 亚历山大试图用与我们自己的解释有点类似的术语来重申弗洛伊德的性格学发现。（参见 F. 亚历山大“心理因素对胃肠失调的影响”，载于《心理分析季刊》，第 15 卷，1934 年版）。虽然他的观点比弗洛伊德的进步，但他还没有完全摆脱根本的生物学倾向性观点，并未完全承认人与人之间的关系是这些“前生殖”冲动的基础和本质。

的整体定义，弗洛伊德看到的只是性的生理强迫性因素，把性满足认为是缓解紧张痛苦，却完全抛弃了性冲动是一种充裕现象，性快感是自发性快乐，其本质并不在消极地缓解紧张。

本书用来理解人类文化基础的解释原则究竟是什么？在回答这个问题之前，回忆一下与我们自己的解释不同的主要解释倾向是大有裨益的。

1. “精神分析”解释法。这是弗洛伊德的思想特征。根据这种方法，文化现象植根于心理因素，心理因素是本能冲动的结果，本能冲动本身只是通过某种方式的压抑才受社会的影响。根据这种解释，弗洛伊德派学者认为，资本主义是肛门色情的产物，而早期基督教的发展则是对父亲形象矛盾心理的产物。①

2. “经济”解释法。这是对马克思历史解释法的误用。根据这种观点，主观经济利益是诸如宗教和政治思想之类文化现象产生的原因。根据这种伪马克思主义观点，② 可以把新教的产生解释成只不过是为了满足小资产阶级的某些经济需求。

3. “唯心主义”立场上的解释法。这一派的代表是马克斯·韦伯在《新教伦理与资本主义精神》中所用的分析法。他认为，新的宗教观点决定了一种新经济行为和新文化精神的发展，尽管他强调这种行为绝不单纯是由宗教教义决定的。

---

① 参见 E. 弗洛姆《基督教义的发展》，对这种心理方法有比较详细的论述（1931 年版）。

② 我称这种观点为伪马克思主义，是因为它把马克思的理论解释为，历史是由受追求物质利益的经济动机决定的，而马克思实际认为，客观环境能产生不同的经济态度，而追求物质财富的强烈欲望只是这些经济态度中的一种。（第一章中已指出了这一点）关于这个问题的详细讨论，可参见 E. 弗洛姆的“社会心理分析的方法与任务”，载于《社会研究期刊》，第 1 卷，第 28 页及其以下。也可参见 R. 林德的《知识为什么？》，1939 年版，第 2 章。

与这些解释不同，我们认为，意识形态和文化一般是植根于社会性格中的，社会性格本身是由某一既定社会的生存模式塑造的，占主导地位的性格特质反过来又变成塑造社会进程的生产力。就新教与资本主义精神而言，我已力图表明，中世纪社会的崩溃威胁到了中产阶级，这种威胁使人产生无权力的孤立感和怀疑感，这种心理上的变化正是路德和加尔文教义吸引人的原因，这些教义强化并稳定了性格的变化，这些新发展起来的性格特质又成为资本主义发展的生产力，资本主义本身就是经济政治变革的结果。

法西斯主义的解释原则也是如此。下层中产阶级对某些经济变化做出反应，如垄断力量的日益增长和战后的通货膨胀，随之而来的是他们的某些性格特质，即，施虐和受虐冲动强化了。纳粹意识形态吸引并强化了这些特质，新的性格特质又成为支持德国帝国主义扩张的有效力量。我们发现，在这两种情况下，当某一阶级受到新经济倾向的威胁时，它便在心理和意识形态上对这种威胁做出反应，由这种反应引发的心理变化又促进了经济力量的发展，哪怕那些力量与该阶级的经济利益相矛盾。我们看到，经济、心理和意识形态力量在社会进程中如此发挥作用：人对变化的外在环境做出反应，改变自己，这些心理因素又反过来有助于塑造经济及社会进程。经济力量是强有力的，但不能把它们理解为心理动机，而应是客观环境；心理力量是强有力的，但必须把它们理解为本身是受历史条件限制的；思想是强有力的，但必须清楚它们是植根于某一社会群体成员的全部性格结构中的。虽然经济、心理、意识形态力量是相互依赖的，但却又有各自的独立性，在经济发展中尤其如此。经济发展要依靠自然生产力、技术及地理因素之类的客观因素，也要遵循自身的发展规律。至于心理力量，我们已经表明也同样如此，它们受外在生命环境的塑造，但也有自己的动力，也就是说，它们体现了人的需求，虽然可以被塑造成形，但不能被连根拔掉。在意识形态方面，我们发现，意识形态方面也有同样的自治性，它们植根于历史演化过程中的逻辑规律和获得的知识体系的传统。

我们可以用社会性格的术语重申如下原则：社会性格源于人性对社会结构的动态适应。变化的社会环境导致社会性格的改变，即，新的需求和焦虑。新的需求产生新思想，并使人易于接受，这些新思想又反过来趋于稳定并强化新的社会性格，决定人的行为。换句话说，社会环境以性格为媒介影响意识形态现象；另一方面，性格并非对社会环境的消极适应，而是或者以人性中固有的生物天性，或者以在历史进化过程中成为人性固有组成部分的因素为基础的动态适应。